공학기술과 리더십

공학기술과 리더십

초판 1쇄 인쇄일 | 2008년 2월 20일
초판 1쇄 발행일 | 2008년 2월 25일

발행처 지호출판사 | 발행인 장인용 | 출판등록 1995년 1월 4일
등록번호 제10-1087호 | 주소 고양시 일산동구 장항동 751 삼성라끄빌 1319호
전화 031-903-9350 | 팩시밀리 031-903-9969 | 이메일 chihopub@yahoo.co.kr

표지 디자인 오필민 | 본문 디자인 노승우 | 마케팅 윤규성

종이 대림지업 | 인쇄 대원인쇄 | 라미네이팅 영민사 | 제본 경문제책

ISBN 978-89-5909-034-1

공학기술과 리더십

김석우 · 이상호 지음

지호

서문

요즘 공과대학을 졸업하는 학생들은 사회로부터 이전보다 훨씬 더 많은 능력과 소양을 갖출 것을 요구받고 있다. 전공 분야의 지식과 기술은 물론 능통한 어학 실력과 의사소통 능력, 대인관계를 잘할 수 있는 친화력과 창의성 등 리더십 소양에 이르기까지 이른바 멀티플레이어적인 자질을 갖추어야 한다. 이전 같으면 입사 후 조직생활을 하면서 배워야 할 부분들까지도 미리 검증받아야 한다.

이처럼 사회적 요구의 압력이 높아지고 있는 이유는 간단하다. 공학이라는 이공계 학문이 가지는 경제적, 사회적 특성 때문이다. "의사나 법률가가 세계를 유지한다면, 엔지니어나 과학자는 세계를 창조하고 이끈다"라는 말이 있다. 무한경쟁의 글로벌 시대, 냉엄한 사각의 링에서 맞설 수 있는 사람은 의사나 법률가라기보다는 첨단 기술력으로 무장한 기술 인력이라는 말이다. 그런데 막상 공학을 비롯한 이공계 출신자들이 활동해야 할 산업체 현장에서 들려오는 목소리들은 현실적으로 거리가 있어 보인다. "인력은 넘쳐나지만 정작 필요한 기술자가 부족해서 구인난을 겪고 있다"는 말이 심심찮게 들려온다. 심지어 공대생들을 '단무지'라고 혹평하는 사람들도 없지 않다. '단순한데다 무식하고 지루하기'까지 하다는 말이다. 물론 모든 공대생이 그렇다는 뜻은 아니지만 대체로 부정적인 이미지가 그렇다. 현장에서 필요로 하는, 제대로 된 교육을 받은 기술 인재가 턱없이 부족한 것이 오늘날의 현실이다.

이러한 현실을 극복하기 위해서는 나라의 교육 정책도 달라지고 교과 내용도 바뀌어야 한다. 하지만 무엇보다 중요한 것은 실제 주역이 될 공대생들 스스로가 자신의 미래를 개척하겠다는 철저한 자기계발 노력을 기울이는 것이다. 자신들이 원하는 세상에서 진정으로 필요한 인물이 되겠다는 자각으로 끊임없이 자신의 능력을 개발하고 꿈을 키워가는 사람이야말로 21세기가 바라는 참다운 인재라 할 것이다.

다른 선진국들에 비해 부존자원이 부족한 우리나라가 국민소득 1만 달러 시대를 열 수 있었던 것은 그나마 선배 이공계 출신들의 피땀 어린 노력과 기술이 있었기 때문이다. 그러나 이제 2만 달러를 넘어 명실 공히 선진국 대열에 진입하기 위해서는 다시금 새로운 성장의 동력 원천을 발굴해야 한다. 이러한 시대적 요구에 부응한 이공계 대학생들의 핵심적인 학습과제가 바로 창의적인 리더십 소양의 배양이라 하겠다.

이에 한국공학교육센터에서는 2002년부터 시작한 '공학소양 교과목 DB구축사업'의 일환으로 이 책을 발간하게 되었다. 이 책의 내용은 크게 리더십 관련 이론 부분과 실제 적용이 가능한 실천학습 부분으로 나뉜다. 그리고 이 책은 복잡하고 어려운 리더십의 실상을 최대한 효과적으로 이해할 수 있도록 하기 위해 알기 쉬운 사례와 다양한 학습방법론을 풍부하게 제시하고 있는 것이 특징이다. 리더십 이론과 관련된 내용은 숭실대학교의 이상호 교수가, 실제 적용 액션러닝 부분은 한국기술교육대학교의 김석우 교수가 주도해서 집필했다.

아울러 이 책이 나오기까지 꼼꼼하게 원고를 정리해준 한국기술교육대학교의 주영경 학생과 숭실대학교 진대선 군의 지극한 정성과 노고에 감사드린다.

끝으로 이 책을 읽는 모든 공대생들의 리더십 소양이 일취월장하기를 기원하며, 더욱더 새로운 내용으로 보완된 개정판이 계속 나올 수 있도록 노력할 것을 약속드리는 바이다.

2008년 2월

저자 일동

| 차례 |

2부 리더십 개발의 실제

1부

리더십 개발의 이론

1 리더십 개념의 이해

학습목표

- 관리자의 중요성을 인식하고 관리기술의 최적결합에 대해 학습한다.
- 리더십의 개념을 이해하고 리더와 관리자의 차이를 알아본다.

1-1 관리자의 역할 및 자질

조직에서 관리적 업무를 수행하는 사람을 보통 관리자라고 한다. 관리적 업무란 조직의 목표를 달성하는 직접적인 업무가 아니라 간접적으로 목표달성을 지원하는 업무이다. 다시 말해 관리란 조직의 목표달성 활동을 분업·조정·통제하는 기능을 의미하고, 관리자란 이런 기능을 수행하는 사람을 말한다.

경영학의 아버지라 불리는 피터 드러커는 관리자의 중요성을 다음과 같이 서술하였다.

> 개인 관리자(manager)는 모든 종류의 조직에 활력을 불어넣는 생명력의 원천이다. 따라서 관리자가 없다면 모든 '생산요소'는 단지 자원 그 자체에 머무를 수밖에 없기 때문에 결코 생산물이 될 수 없

다. 자유경쟁 경제체제(competitive economy) 아래에서는 무엇보다도 관리자의 자질과 능력이 그 조직의 성공 또는 생존 그 자체를 결정한다. 왜냐하면 관리자의 자질과 능력이야말로 자유경쟁 경제체제의 기업이 보유할 수 있는 유일한 효과우위(effective advantage)이기 때문이다.[1] 또한 관리자는 기업의 성과에 영향을 미치는 중요한 의사결정을 하기 때문이다.

다음에서는 관리자의 역할과 능력에 대해 좀더 구체적으로 알아보도록 한다.

1. 민츠버그의 관리자 역할

헨리 민츠버그(Henry Mintzberg)는 관리자의 10가지 역할을 정의하였으며, 이를 바탕으로 경영 업무에 대해 좀더 현실적이고 유용한 설명을 했다. 그 역할은 다음 〔그림 1-1〕과 같다.

1) 대인 역할

관리자라면 자기가 맡고 있는 기업의 내부 사람들뿐만 아니라 그 조직의 외부 사람들과도 관계를 맺는다. 이러한 관계를 바탕으로 대인 역할은 다음의 세 가지를 포함한다.

첫째, 조직의 얼굴 역할이다. 사장이라면 회사를 대표하여 경조사에 참여하기도 하고, 팀장이라면 타 팀장이나 고객을 만나서 자기 팀의 사정을 대변하기도 한다. 또한 관리자끼리 서로 만나서 각자 자기

[그림 1-1] 관리자의 역할

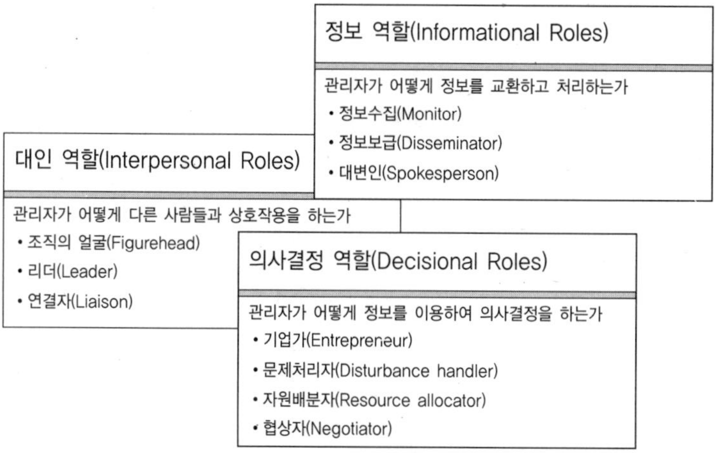

출처: Schermerhorn et al., *Organizational Behavior*, WILEY(2003) p. 15 정리.

조직을 대표하여 협정조인식도 가지며 대표연설을 하기도 한다.

둘째, 리더 역할이다. 관리자는 자기 조직의 구성원들에게 일을 배분하고 직무를 잘 수행할 수 있도록 가르치며, 열심히 하도록 격려하여야 한다. 반대로 직무수행을 제대로 하지 못하는 경우라면 타이르거나 꾸짖기도 하면서 조직을 이끌어간다.

셋째, 연결자 역할은 목표를 효율적으로 달성할 수 있도록 필요한 외부조직(고객, 협력업체, 경쟁사, 정부 등)과 연결하여 일이 돌아가게 하는 역할을 의미한다. 만일 어떤 사람이 재무팀장이라면 재무활동이 잘 진행되도록 판매팀, 구매팀, 은행과의 상호작용을 돕기 위해 사람들과 만나고 연락해야 한다.

2) 정보 역할

회사의 모든 활동은 닥치는 대로 하는 것이 아니라 정보를 바탕으로 계획과 결정이 이루어진 뒤에 실행된다. 대체로 일반 사원들은 각자 자기가 맡은 일에만 충실하게 되고, 그러한 상황에서는 정보가 제한적이다. 따라서 팀장 등의 관리자는 다양한 정보를 수집하여 필요한 사람에게 제때 제공해주어야 한다. 정보 역할의 구체적 내용은 다음과 같다.

첫째, 정보수집 역할이다. 가만히 앉아 저절로 굴러 떨어지는 정보만으로는 직무를 제대로 수행하기 어렵기 때문에 관리자는 필요한 정보를 적극적으로 찾아다녀야 한다. 수집된 정보는 선별, 분석, 정리, 요약하여 언제라도 내부 구성원에게 공급할 준비를 갖추고 있어야 한다.

둘째, 정보보급(배분자) 역할을 들 수 있다. 이는 수집한 정보를 내부의 해당 구성원에게 제공하는 것이다. 사장이라면 공장장에게 받은 정보를 영업 상무에게 제공하고, 재무팀장이라면 구매과장에게서 받은 보고 내용을 경리과장에게 전달해주어야 한다는 것이다. 만일 관리자가 모든 정보를 자기 머릿속에 저장한 채 외부로 나가버린다면 조직 내부의 구성원들은 아무런 결정도 할 수 없게 된다.

셋째, 대변인 역할이다. 관리자는 조직의 정보를 원하는 외부조직에 전달하는 역할을 수행해야 한다. 예를 들어 자기 회사의 청사진을 주주에게 알려주거나, 기업에 투자하고자 하는 잠재 투자자들에게 안심하고 투자할 수 있는 정보들을 제공해야 한다.

3) 의사결정 역할

조직 활동은 실행에 앞서 결정이 먼저 이루어진다. 이러한 의사결정은 수집된 정보를 토대로 이루어지는 것이 일반적이지만 때론 개인의 경험이나 육감에 의해 이루어지기도 한다. 어쨌든 관리자는 조직 활동의 다양한 문제에 대해 의사결정을 내린다. 이러한 역할은 다음의 네 가지를 포함한다.

첫째, 기업가(혁신자) 역할이다. 이것은 새로운 일을 계획하거나 하던 일을 더 효율적인 방법으로 바꾸거나 새로운 전략을 도입하는 역할이다. 하위 구성원은 상부에서 명령한 대로 실행해야 하기 때문에 변화와 혁신에 대한 권한이 제한되어 있지만, 의사결정권자인 관리자는 어떤 변화라도 시도할 수 있다.

둘째, 문제처리자는 문제가 발생했을 때 이를 해결하는 역할을 의미한다. 일을 하다 보면 예외적인 일이 자주 발생한다. 예측이 가능하고 계획됐던 문제는 이미 해결방식이 정해져 있기 때문에 아무나 해결해도 되지만 예외적인 문제가 발생하면 일반 사원은 경험이나 정보가 부족하고 재량권도 제한적이기 때문에 함부로 대처할 수 없다. 관리자는 이러한 문제에 대처해야 한다.

셋째, 자원배분자 역할이다. 조직 내에는 여러 사람과 부서들이 각각의 업무를 담당하고 있는데 업무의 수행을 위해서는 인적 물적 자원이 필요하다. 그러나 현실적으로 조직이 보유한 자원은 한정되어 있기 때문에 각 개인 및 부서들이 제한된 자원을 놓고 서로 다툴 소지가 있다. 이때 관리자가 자원의 배분량을 결정해주는 역할을 수행해야 한다.

넷째, 협상자 역할은 조직을 위해 외부인들과 계약을 체결하거나,

노사협상 등을 실행하는 역할을 의미한다. 관리자는 자기 조직과 외부 조직과의 갈등 상황에서 조직을 대표하여 적정선에서 양보와 타협의 수준을 결정한다. 뿐만 아니라 내부 구성원들과도 업무분담, 임금협상 등 협상자로서의 역할을 수행하는 경우도 많다.

위와 같은 각 역할은 관리자의 업무를 수행하는 과정에서 성공을 위한 필수적인 요소이다. 다음에 제시된 자가진단은 이러한 다양한 역할에 대한 이해를 높이는 데 도움을 줄 것이다. 그외에도 관리자와 팀 리더들은 조직 내외부에서 구성원을 개발하고 유지해야 하며 다양한 사람들과 함께 일하는 것이 가능해야 한다.[2] 또한 관리자들은 특정 업무에 관계된 사람과의 업무적 네트워크뿐만 아니라 경력 네트워크, 기회 자원 네트워크, 그리고 믿을 수 있는 친구나 동료와의 사회적 네트워크도 형성해야 한다.[3]

2. 관리자의 기술

관리자의 기술(skill)이란 관리자가 자신의 직무를 충실하게 수행하는 데 필요한 구체적 능력을 말한다. 이러한 기술은 교육, 훈련, 경험, 실무 등을 통해서 학습되고 개발 및 향상될 수 있다. 또한 관리자의 기술(skill)은 지식을 수행의 결과인 실천으로 변환시키는 능력을 의미한다. 로버트 카츠(Robert L. Katz)는 전문적 기술, 대인적 기술, 개념적 기술이라는 3가지로 관리자에게 필수적인 기술(skill)을 분류하였다.[4]

첫째 전문적 기술(technical skill)이란 특정업무와 관련된 전문적 지식과 경험을 토대로 업무수행의 방법, 절차 및 기법 등을 해당분야에

자가진단

리더십 관리의 역할[5]

리더십 역할에 대한 각각의 행동들을 총 15가지 행동이 있다. 각 조항의 앞에 있는 빈칸에 적절한 보기를 써 넣어라.

대인 역할	정보 역할	의사결정 역할
a. 회사의 얼굴	d. 모니터	g. 기업가
b. 리더	e. 정보 보급자	h. 분쟁조정자
c. 연결자	f. 대변인	i. 자원배분자
		j. 협상자

	1. 리더가 말다툼을 하고 함께 일하기를 거부하는 2명의 구성원(고용인)과 대화를 하고 있다.
	2. 리더가 구성원들과 새로운 회사 정책에 대하여 의논하기 위하여 회의를 하고 있다.
	3. 생산직 리더가 기계를 고치는 것에 대하여 정비사에게 이야기하고 있다.
	4. 리더가 직업 인터뷰를 하고 있다.
	5. 영업직 리더가 영업부를 대표해 비용 상환 양식에 서명하고 있다.
	6. 리더가 지역 신문 리포터와 기자회견을 열고 있다.
	7. 리더가 구성원들에게 다양한 보고서를 할당하며 그들에게 서류철을 주고 있다.
	8. 구성원들이 리더에게 임금상승을 요구하고 있다.
	9. 리더가 고용인들에게 모든 조직 기구 구성원들이 모인 특별 회의동안에 5년간의 서비스에 대해 조직직의 목표를 제시하고 있다.
	10. 리더가 매일 e-mail을 읽고 있다.
	11. 융자계획을 위임해야만 하는 리더와 그의 책임자가 리더의 부서를 위해 개발된 새 주문제작용 소프트웨어의 사용에 대해 토론중이다.
	12. 리더가 구성원이 또 지각한 것에 대해 훈계를 하고 있다.
	13. 리더가 다른 조직 기구는 어떻게 업무지시를 처리하는지 보기위해서 방문하고 있다.
	14. 증권회사의 리더는 주식중개인들이 전화기를 다시 사용할 수 있도록 전화기를 허락해줬다.
	15. 리더가 조직기구를 위해 개발된 새 주문제작용 소프트웨어를 가지고 있다.

적용시키는 능력을 말한다. 예를 들면 설계기술, 시장조사, 회계업무 및 컴퓨터 프로그래밍, 노사관계 등에 필요한 전문적 기술을 생각해 볼 수 있다. 전문적 기술은 대체로 구체적이며 대학의 교과목이나 직장훈련(OJT: on the job training) 프로그램 등을 통해 학습될 수 있다. 경영자는 조직 내 다른 사람들이 필요로 하는 전문적 기술을 확인하고 개발하는 데 매우 관심을 갖는다.

둘째 대인적 기술(human skill)이란 구성원들을 리드하고 동기부여하며 갈등을 관리하고 다른 사람과 더불어 일할 수 있는 능력을 말한다. 전문적 기술이 사물(기업이나 물적 대상)과 함께 일하는 것이라면, 대인적 기술은 사람과 함께 일하는 데 초점을 둔다. 모든 조직의 가장 가치 있는 자원은 사람이기 때문에 대인적 기술은 경쟁수준이나 기술수준에 관계없이 모든 관리자에게 중요한 기술이다. 탁월한 대인적 기술을 가진 관리자는 의사결정에의 참여를 권장하며 구성원으로 하여금 자유롭게 의사표시를 하도록 한다. 또한 다른 사람을 좋아하며 그들에게 사랑받는다. 반면, 효과적인 대인적 기술이 결여된 관리자는 무례하고 무뚝뚝하며 동정심이 없어서 다른 사람들을 불편하게 혹은 분개하게 할 수 있다.

마지막으로 개념적 기술(conceptual skill)이란 조직을 전체로 보고 자신의 계획 및 사고 능력을 적용할 수 있는 능력을 의미한다. 훌륭한 개념적 기술을 가진 관리자는 조직의 여러 부서와 기능이 어떻게 상호 연결되어 있는지, 그리고 한 부서에서의 변화가 다른 부서에 어떻게 영향을 미칠 수 있는지 등을 볼 수 있다. 일반적으로 관리자들은 미래에 발생할지도 모를 다른 형태의 관리문제를 진단하고 평가하기 위하여 개념적 기술을 사용한다.

위에서 세 가지 관리기술에 대해 살펴보았는데, 이들 관리기술이 관리계층별로 어떻게 결합됨으로써 최적 결합, 이른바 스킬 믹스(skill mix)가 이루어지는가를 살펴보기로 하자. 〔그림 1-2〕에서 볼 수 있듯이 관리기술의 상대적 중요성은 개별관리자가 속한 관리계층에 따라 다르다. 전문적 기술은 조직의 하위수준에서 특히 중요시되며 상위로 올라갈수록 그 중요성은 낮아진다. 그 반면에 개념적 기술은 상위수준일수록 중요시되는데, 그 이유는 최고관리자일수록 조직 전체에 영향을 미치게 되는 포괄적이고 장기적인 의사결정에 참여할 가능성이 높기 때문이다. 그리고 대인적 기술은 어느 계층에서나 거의 비슷한 비중으로 중요시된다. 그 이유는 관리란 본래 다른 사람을 통해 목표를 달성시키는 과정이기 때문에 아무리 전문적인 기술과 개념적 기술을 충분히 지니고 있다 해도, 다른 사람들을 필요 이상으로 자극시킨다든지 이들에게 나쁜 영향을 주어 일을 못하도록 한다면 그것은 완전히 불필요한 것이 되기 때문이다.[6]

[그림 1-2] 관리자 계층별 필요한 기술(skill)의 비중

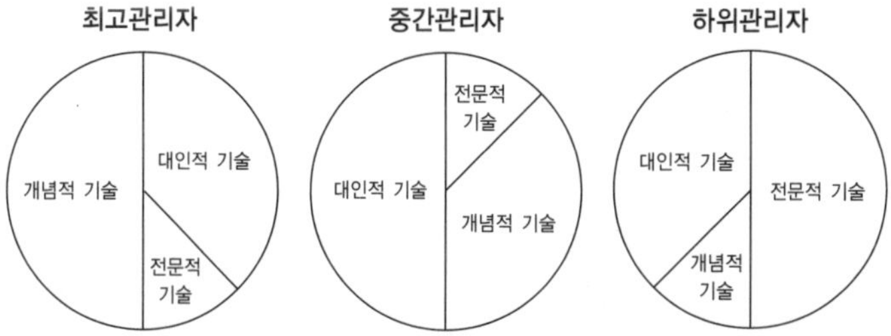

출처: Robert L. Katz, "Skills of Effective Administrator." *Harvard Business Review*, September-October 1974, p. 94~96.

토론거리

내가 생각하는 리더십

다음의 각 질문은 맞고 틀린 것이 없습니다. 본인이 평소 생각하고 있던 리더십의 정의와 그와 관련되어 떠오르는 단어를 써본 후 주위 동료들은 어떻게 생각했는지 함께 토론해봅시다.

● 리더십이란 무엇인가?

● 리더십의 정의와 관련하여 떠오르는 단어는?

1-2 리더십의 개념 및 중요성

인류가 사회생활을 시작한 이래로 집단이 존재하는 곳에서는 리더십의 문제가 대두되었다. 사람들은 자신이 소속된 집단에서 인식적 존재로서 영향력을 갖춘 사람이 되기를 바란다. 그리고 이와 같은 사람들을 우리는 '리더'라고 부른다. 따라서 리더십이 무엇인지, 그리고 그것이 전통적 관리의 개념과는 어떠한 차이가 있는지 알아본다. 또한 경영환경의 변화에 따른 리더십 역할의 중요성에 대해서도 살펴보도록 한다.

1. 리더십의 정의

리더십의 정의는 리더십을 이해하려고 하는 사람이 많은 만큼이나 다양하다. 대표적인 학자별 정의는 다음 표와 같다([표 1-1] 참조).

비록 리더십을 하나의 통일된 개념으로 정의하기는 어렵지만, 표의 내용을 종합해보면 리더십이란, 직위 권력보다는 강압적이지 않은 사회적 영향력 과정에 기초를 두고 목표달성을 위해 구성원을 이끌고 통합하는 과정이나, 성공적으로 영향력을 행사하는 리더의 특성 또는 행동으로 정의될 수 있다. 그러나 이러한 정의를 좀더 쉽게 이해하는 방법은 그 핵심특성을 파악하는 것이다. 리더십의 개념을 본질적으로 살펴보면 두 가지의 핵심특성으로 구성되어 있다.

그 첫번째는 공동의 목표(goal attainment)를 달성하는 것이고, 두번째는 영향력의 행사(making others to act)이다. 결국, 이 두 특성들을

[표 1-1] 대표적 학자들의 리더십 정의

헴필과 쿤 (1957)	집단의 활동을 공유된 하나의 목표로 집중시키려는 개인의 행동.
워런 베니스 (1959)	리더가 부하들을 바람직한 방향으로 이끌어가는 과정이다.
R. M. 스토그딜 (1974)	기대와 상호작용 속에서 조직(structure)을 주도하고 유지하는 것이다.
카츠와 칸 (1978)	기계적으로 조직의 일상적 명령을 수행하는 것 이상의 결과를 가져올 수 있게 하는 영향력이다.
슈리셰임, 톨리버와 베흘링 (1978)	사회적 영향력 행사과정으로, 리더가 조직 목표달성을 위하여 하급자들의 자발적 참여를 추구할 때 발생한다.
포시스 (1990)	"집단과 각 구성원들의 목표달성을 촉진하기 위하여 각 구성원들이 다른 구성원들에게 영향을 미칠 뿐만 아니라 그들을 동기화시키는 상호적, 교환적 및 변환적 과정이다." 이를테면 리더와 구성원, 환경의 세 가지 요소가 상호의존적으로 영향을 주고받는다는 것이다. 리더십은 그 자체가 유동적이며 역동적이기 때문에 이 세 가지 요소에 대하여 지속적인 조율과 조정을 필요로 하는 과정이라고 할 수 있다.

출처: G. A. Yukl, *Leadership in Organizations*, Englewood Cliffs, N. I.: Prentice-hall, 1988; Tom Peters & Nancy Austin, *A Passion for Excellence*, New York: Random House, 1985 등에서 요약 정리.

조합하면 리더십의 정의가 될 수 있다. 즉, 리더십은 "다른 사람, 특히 부하들에게 영향력을 행사하여 그들로 하여금 목표 방향으로 행동하게 함으로써 성과를 산출하는 것"이다. 따라서 리더십은 리더 자신이 아닌 다른 사람을 통해서 목표를 성취하는 것이다.

리더십이 구성원에게 영향력을 행사하는 것이라면 리더와 구성원의 관계는 바로 리더십의 기반이 될 것이다. 〔그림 1-3〕과 같이 리더

[그림 1-3] 리더십의 일차적 기반: 구성원과의 관계

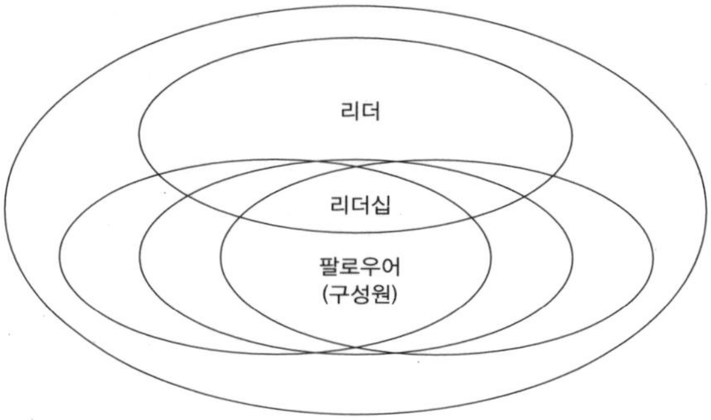

십은 리더와 구성원의 관계라는 수직적 관계에 기초하고 있으며, 이것이 전통적으로 리더십 개념의 일차적 기반이다. 또한 이 관계는 최근 들어 수평적 관계에서 비공식적으로 출현하는 리더로 확대되기도 하고, 스스로를 리드하는 셀프 리더십의 개념으로 확대되기도 한다.

2. 리더십과 전통적 관리의 차이

기업 경영환경의 변화는 관리자로 하여금 조직 내에서의 역할을 변화시켰다. 이러한 여건 변화는 관리자들에게 자신의 직위와 역할 변화에 대한 새로운 인식을 가지게 하였다. 직위는 감독자(supervisor), 부서장(department head), 일반 관리자(general manager)에서 팀 리더(team leader), 조정자(coordinator), 프로젝트 감독자(project director)로 변화되었으며 그 역할은 지시(directing), 통제(controlling)에서 도움(helping)이나 지원(supporting)으로 변화되었다. 즉 '조정자, 코치

[그림 1-4] 확대된 관리자의 역할

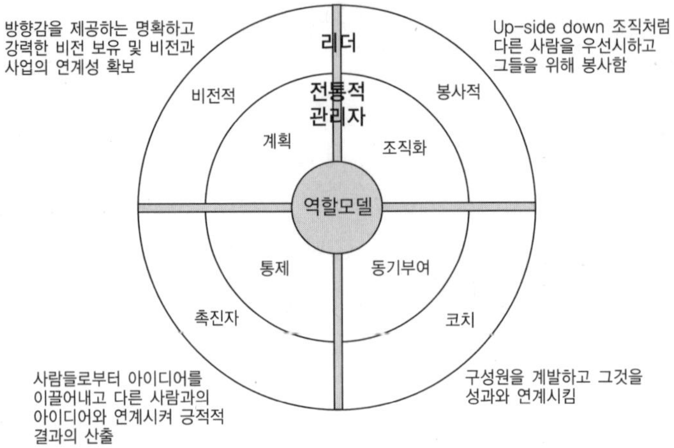

출처: T. G. Crane(2002), *The Heart of Coaching: Using Transformational Coaching to Create a High-Performance Culture*, FTA Press.

(coach), 교사(teacher), 리더' 등의 개념으로 변화된 것이다. 이러한 경영자의 역할을 보다 구체적으로 살펴보면 〔그림 1-4〕와 같다.

위의 〔그림 1-4〕에서 제시된 확대된 관리자의 역할에서 알 수 있듯이 전통적인 관리자 역할부분과 리더의 역할부분으로 구분되며, 이 두 부분의 역할이 함께 수행되어야 한다는 것을 알 수 있다. 리더십과 관리는 해야 할 일을 결정하고 그 임무를 완수하기 위해 사람들 간의 관계를 형성하며 그를 통해 실제로 임무를 완수하도록 한다는 점에서 유사하다. 따라서 관리를 리더십의 한 부분으로 보거나 리더십을 관리의 한 부분으로 보는 경우도 종종 있다. 그럼에도 불구하고 리더십과 관리는 분명히 구별되는 점이 있다. 관리는 단기적 관점에서 위험을 회피하며 복종 또는 순응, 유도하기 위해 통제와 예측가능성에 초점을 두고 일을 효율적으로 유지하면서 규칙적인 결과를 만들어내는 것에 일차적 기능이 있다. 이에 비해 리더십은 장기적 관점에서 위험을 감수하며 구성원들의 자율적 몰입에 초점을 맞추고 유용한 변화를 만들어내는 것에 그 일차적 기능이 있다.

이렇게 보면, 관리는 복종을 강요하는 리더십의 개념과 일치하며, 리더십은 몰입을 유도하는 관리의 개념과 일치한다. 다시 말해, 합법적 또는 공식적 권한에 의한 복종은 관리의 개념에 가깝고, 리더십은 몰입을 유도하는 것을 강조하는 데 그 중요성이 있다고 할 수 있다.

리더십과 관리 또는 리더와 관리자에 대한 차이를 다른 학자들은 어떻게 구분하였는지 학자들 정리를 살펴보면 다음과 같다.

1) 코터의 관리와 리더십의 차이

존 코터(John Kotter)는 리더십과 관리는 다르다고 정의하였으며 대부분의 사람들이 그 차이점을 잘못 이해하고 있다고 하였다.[7] 그는 리더십이 선택받은 소수만이 가질 수 있는 특권도, 관리보다 우수한 기능도 아니고, 관리의 기능을 대체할 수 있는 것도 아니라고 주장하였다. 관리는 예측성에 초점을 맞추고 질서를 유지하며 기대하는 결과를 안정적으로 산출하는 것이다. 이에 비해 리더십은 성공적으로 변화를 산출하는 것이다.

코터는 리더십 기능과 관리 기능을 각각 세 가지 하부 기능 측면에서 비교하여 이 두 개념의 실제 역할과 기능의 효용성을 구체적으로 밝혔다. 먼저 관리 기능에서는 기획, 예산, 조직화, 인력배치, 통제 등의 기능을 언급하였고, 리더십 기능에서는 방향설정, 인력단합, 동기부여 등을 그 하부 기능으로 제시하였는데 세부적인 내용은 다음의 〔표 1-2〕와 같다.

[표 1-2] 관리와 리더십

	관리(예측성, 질서, 기대 결과)	리더십(변화 산출)
안건 창조	<u>계획 및 예산 수립</u> 결과 달성을 위한 구체적 단계와 시간 계획 수립, 그리고 필요 자원 할당	<u>방향설정</u> 미래의 비전 개발 및 비전 달성에 필요한 변화를 위한 전략 수립
안건 달성을 위한 사람 간 네트워크 구성	<u>조직화 및 스태핑</u> 계획 달성을 위한 조직의 구조화 및 인원 배치, 계획 수행에 필요한 책임 및 권한 위양, 그리고 정책 및 절차의 수립과 통제 체제 확립	<u>정렬</u> 비전과 전략을 이해하고 수용하는 팀 구축에 영향을 주기 위해 구성원들과의 의사소통 및 솔선수범
집행	<u>통제와 문제 해결</u> 계획 대비 결과 점검 및 문제점 확인과 조치	<u>동기부여</u> 사람들의 기본 욕구에 기초하여 그들이 변화하는 것을 방해하는 주요 정치적, 관료적, 자원적 장벽을 극복하도록 활기를 줌

출처: 헨리 민츠버그 외, 현대경제연구원 옮김, 『리더십*Leadership*』, 21세기북스, 2000. John P. Kotter의 관점 정리.

2) 잘레즈닉의 관리자(manager)와 리더(leader)의 차이

에이브러햄 잘레즈닉(Abraham Zaleznik)은 관리자와 리더는 여러 가지 측면에서 서로 다른 특징을 나타낸다고 말하면서 관리자와 리더의 차이를 구별하였다.[8] 그 특징은 첫째, 관리자와 리더는 목표에 대해 서로 다른 태도를 보인다. 관리자의 목표는 자신의 욕구보다는 조직의 필요성에 의해 발생한다. 관리자는 기존 질서를 유지하고 이를 통해 보상을 받으려고 한다. 이에 비해 리더는 목표에 대해 적극적인 태도를 보인다. 그들은 잠재적 기회를 찾아내고 이를 통해 보상을 받는다. 구성원들이나 동료들 간의 관계도 긴밀하게 유지한다. 또한 부하직원을 격려하여 업무에 적극적이 되도록 만들고, 열정을 쏟아 창조성을 높일 수 있게 만든다.

둘째, 관리자와 리더의 차이는 혼란과 질서를 어떻게 생각하느냐에 많이 좌우된다. 리더는 조직에 중요한 문제가 발생했을 때, 성급하게 그 상황을 해결하기보다는 혼란과 갈등이 있더라도 조직이 자연스럽게 문제해결의 대안을 찾아낼 수 있도록 노력하는 반면 관리자들은 질서와 통제를 추구하면서 혼란이 야기될 것으로 생각되면 무리하게 문제를 해결하고 수습하려고 한다.

셋째, 업무 처리에서도 서로 다른 모습을 보인다. 관리자들은 업무활동이나 의사결정 과정에서 규정된 역할에 충실한 사람들이다. 반면 리더들은 아이디어에 관심을 갖고 직관적인 방법을 선호한다.

위와 같이 잘레즈닉은 관리자와 리더의 서로 다른 특징들을 설명하였으며, 많은 기업들은 대체로 관리에 의존하고 있다고 주장하였다. 이렇게 경영활동에 있어서 관리를 중요하게 생각하는 기업은 질서정

연하고 정태적인 작업유형을 유지하고자 하고, 조직구조가 한 개인의 재능보다 훨씬 중요하게 여겨진다고 하였다. 잘레즈닉은 관리가 경쟁적인 집단 사이에서 통제와 힘의 균형 등을 보장할 수는 있지만, 기업 목표를 위한 상상력이나 창의성 등을 키우지는 않기 때문에 보수적이고 개인보다는 집단을 우선하는 기업환경 속에서 사업가적 자질을 지닌 리더의 개발이 중요하다고 주장하였다([표 1-3] 참조).

[표 1-3] 잘레즈닉의 관리자와 리더의 차이

	관리자	리더
차이 1 기업 목표에 대한 태도	• 목표에 객관적인 태도 • 자신의 욕구보다는 조직의 필요성에 의해 나타나고 조직의 역사와 문화에 깊게 스며들어 있음.	• 목표에 개인적이고 능동적인 태도 • 목표의 구체화 • 기업이 나아가야 할 방향을 결정하는 데 영향을 줌.
차이 2 업무의 개념	• 상대방과의 이해관계 분석 • 모순된 문제의 해결 방안 계획 • 조직 내 긴장을 완화시킴으로써 업무 과정에 도움을 줌. • 선택을 제한 • 생존본능이 강해 보수적임.	• 새로운 접근 방법을 개발하고 새로운 선택을 제안. • 리더는 구성원을 촉진하며, 자신의 아이디어를 이미지화하여 구체화할 수 있도록 기회를 줌.
차이 3 인간관계에 대한 태도	• 타인과의 활동을 추구 • 상대방과 깊은 관계를 형성하기보다는 감정적 관여 수준을 낮게 유지하려 함.	• 풍부한 감정을 갖으며 강한 동질감이나 이질감, 또는 애증의 감정을 이끌어냄.
차이 4 자의식	• 기존의 제도를 지속하고 강화함으로써 자의식은 향상됨.	• 환경과 괴리되어 조직 구성원들에게도 쉽게 의존하지 않음.

출처: 헨리 민츠버그 외, 현대경제연구원 옮김, 『리더십*Leadership*』, 21세기북스, 2000. Abraham Zaleznik의 관점 정리.

3) 베니스의 21세기 리더와 관리자의 차이

워런 베니스(W. Bennis)는 다음의 [표 1-4]와 같이 관리자와 리더를 양극의 성격을 가진 존재로 기술하였다. 그에 따르면, 관리자란 창의력보다는 모방에 능숙하며 단기적 안목에 사로잡혀 현상을 고수하려는 인물들이다. 마치 우리 사회에서 오랫동안 지탄의 대상이 되어 온 복지부동의 관료상을 연상케 한다. 뿐만 아니라, 관리자들은 상급자에 대한 충성과 복종을 중시하는 수직적 통제의 관점에 사로잡혀 있는 사람들이다. 이들은 상하간의 위계와 서열을 중심으로 조직의 질서를 유지하고자 한다. 또한 지시받은 사항이나 주어진 일을 처리하는 수단과 방법(How)만을 존중하는 스타일이다.

[표 1-4] 21세기 리더와 관리자의 차이

관리자와 21세기 리더의 구별
• 관리자가 관리를 한다면, 리더는 혁신을 한다. • 관리자가 모방을 하는 복사본이라면, 리더는 새로운 것을 창조하는 원본이다. • 관리자가 체제나 구조에 초점을 맞춘다면, 리더는 사람에 초점을 맞춘다. • 관리자가 통제에 의존한다면, 리더는 신뢰를 불러일으킨다. • 관리자가 단기적인 관점을 가지고 있다면, 리더는 장기적인 관점을 가지고 있다. • 관리자가 방법과 시기를 요구한다면, 리더는 내용과 이유를 요구한다. • 관리자가 현상을 수용한다면, 리더는 이에 도전한다. • 관리자가 자신이 맡은 일을 모범적으로 수행하는 훌륭한 병사라면, 리더는 주체성을 가지고 독자적으로 행동한다. • 관리자가 일을 옳게 한다면, 리더는 옳은 일을 한다.

출처: Larry, C. Spears & Michael Lawrence, *Focus on Leadership*, John wiley & Sons, Inc., p. 101. Warren Bennis의 관점 요약 정리.

반면에, 리더는 주어진 일을 수행하는 방법에만 매달리기보다는 해야 할 일, 중요한 일, 또는 핵심적인 일(즉 What)을 발견하여 장기적 관점에서 추진하는 사람이자, 신뢰와 창의를 중시하며 잘못된 현상에 도전하여 바로 잡아가는 사람이다.[9]

3. 경영환경의 변화와 리더십의 중요성

오늘날 경영환경이 급변하고 채산성이 악화되는 등 기업이 처한 여건은 그 어느 때보다 어려운 실정이다. 지난 30여 년간의 고도성장 시대의 패러다임은 끝났으며 이제는 향후 성장을 지속할 수 있도록 새로운 틀을 짜야만 하는 시점이다. 정부 정책의 실효성 약화, 대기업 부도사태 등이 기존 패러다임의 종결을 상징적으로 보여주고 있다. 기존의 모든 전제가 깨어지고 앞이 보이지 않는 상황에서 기업이 자칫 방향설정에 실패하게 되면 치명적인 타격을 입을 수밖에 없다. 따라서 관리자의 역할 변화가 요구되는 시기가 도래한 것이다. 즉, 과거에는 경영환경이 변화하는 상황을 심각하게 고려하지 않고 오직 관리에만 집중했으며, 문제가 드러날 때 해결 방안을 계획하고 조직 내 긴장을 완화시킴으로써 업무 과정에 도움이 되는 관리의 측면만 부각되었다. 그에 비해 리더십의 역할은 상대적으로 등한시되어왔다.

경영환경의 변화와 기존 패러다임의 종결은 경영자의 관리자적 역할뿐만 아니라 변화에 능동적으로 대처하는 리더의 역할도 필요로 하게 되었다. 급변하는 경영환경에 능동적으로 대처하기 위해서는 기존 방식을 고수하려는 관리적 측면보다는 창조적이면서 항상 새로운 방

자가진단

리더십과 관리의 비교[10]

다음의 표를 보고 가운데 있는 표시 줄에 당신의 상관이 지닌 특징이 리더십과 관리 중 어디에 해당하는지 상대적인 중요도를 표시하십시오.

분류	리더십(Leadership)		관리(Management)
사고방식 (Thinking Process)	창조 (originate)	⎿⎿⎿⎿⎿⏌	전수 (Initiates)
	사람에 집중 (Focuses on people)	⎿⎿⎿⎿⎿⏌	업무에 집중 (Focuses on things)
	외부 관찰 (Looks outward)	⎿⎿⎿⎿⎿⏌	내부 관찰 (Look Inward)
관리 설정 (Direction Setting)	비전 (Vision)	⎿⎿⎿⎿⎿⏌	운영 계획 (Operational plans)
	미래를 창조 (Creates the future)	⎿⎿⎿⎿⎿⏌	현재를 개발 (Improves the present)
	숲을 보다 (Sees forest)	⎿⎿⎿⎿⎿⏌	나무를 보다 (Sees trees)
직원 관계 (Employee Relations)	권한위임 (Empowers)	⎿⎿⎿⎿⎿⏌	강력한 통제 (Tightly controls)
	동참 (Associates)	⎿⎿⎿⎿⎿⏌	명령 (Subordinates)
	신뢰와 개발 (Trusts and develops)	⎿⎿⎿⎿⎿⏌	지휘와 조정 (Directs and coordinates)
운영 방법 (Method of Operation)	효과성 (Effectiveness)	⎿⎿⎿⎿⎿⏌	효율성 (Efficiency)
	변화창출 (Creates change)	⎿⎿⎿⎿⎿⏌	변화관리 (Manages change)
	고객 지원 (Serves clients and customers)	⎿⎿⎿⎿⎿⏌	최고 경영진 지원 (Serves top managers)

출처: Don Hellriegel & John W. Slocum, Jr., *Organizational Behavior*, Thomson Learning, 2004, p. 251.

식을 추구하는 리더 역할이 절실해진 상황이다.

이에 대해 잘레즈닉은 관리자와 리더는 기업에 모두 필요한 존재이므로 기업들은 훌륭한 관리자들을 훈련시키는 방법을 찾아내야 하고 동시에 훌륭한 리더들을 개발하는 방법도 찾아내야 한다고 주장하였다. 잘레즈닉은 기존의 사회적 관계의 균형을 유지하고 제도를 유지할 수 있도록 개인을 준비시키는 사회화를 통한 개발은 관리 능력을 개발하는 방법이고, 심리적 사회적인 변화를 위해 개인을 분발하게 만드는 개별 역량을 통한 개발은 리더를 육성하기 위한 방법이라고 주장한다.[11]

이렇듯 조직을 변화시키기 위해서는 기존의 시스템을 관리하는 것(management)보다는 상대적으로 창조적이며 변화를 이끌어내는 리더십(leadership)의 역할이 보다 더 중요해졌다. 이를 크게 두 가지로 구분하여 본다면 다음 〔표 1-5〕와 같다. 첫째는 세계적인 경쟁 심화와 기술 및 시장 변화의 가속화이고, 이는 혁신 및 신속한 대응, 세계시장 지향성, 그리고 분권화된 납작한 조직의 요소로 대응할 수 있다.

둘째는 세계화 및 가치관 변화에 따른 인력의 다양성으로 다른 배경을 가진 집단의 이해, 대인관계 기술, 공동체 구축의 요소로 대응할 수 있다.

혁신 및 신속한 대응은 고객욕구를 파악하여 전략적 기회를 포착함으로써 경쟁기업보다 고객의 신뢰 및 만족도를 향상시키고 기업 성과에 좋은 영향을 줄 수 있다. 또한 이를 크게 확대하여 본다면 세계시장으로 진출할 때 다른 문화를 고려하고 이해하여 현지 고객을 만족시키는 것 또한 크게 다르지 않다고 볼 수 있다. 그리고 경쟁이 심화

[표 1-5] 최근 경영환경의 변화

세계적인 경쟁 심화와 기술 및 시장 변화의 가속화	· 혁신 및 신속한 대응(고객욕구 파악으로 전략적 기회 포착)
	· 세계시장지향성(세계시장 및 타문화 이해)
	· 분권화된 납작한 조직(다기능 팀의 관리, 통제의 폭 증가)
세계화 및 가치관 변화에 따른 인력의 다양성	· 다른 배경을 가진 집단의 이해(다양한 견해 수용)
	· 대인관계 기술(역할모델)
	· 공동체 구축(비전과 임파워먼트)

되고 기술과 시장이 급변하기 때문에 보다 유연한 조직을 갖춰서 대응해야 할 필요가 있기에 분권화되고 납작한 조직으로 운영해야 경쟁에서 우위를 차지할 수 있다.

이는 결국 다른 배경을 가진 집단을 이해하고 다양한 견해를 수용함으로써 조직효과성을 극대화할 수 있으며 대인관계 기술을 통해 역할 모델 및 정보공유의 활성화를 꾀할 수 있다는 것이다. 이와 더불어 공동체 구축과 비전(vision)공유 및 임파워먼트를 통해 세계화 및 가치관 변화에 따른 인력의 다양성에 대응하기 위한 방법이라 할 수 있다. 위에서 설명한 바와 같이 급변하는 경영환경에서 기업의 생존을 위해 새로운 경영방식과 리더십의 중요성이 더욱 분명해진다.

코터는 리더십의 역할을 그의 저서 『변화의 리더*Leading Change*』에서 크게 3가지로 제시하고 있다([표 1-2] 참조). 첫째, 리더십 기능 자체가 변화를 만드는 것이므로, 그 변화의 방향을 정하는 것은 리더십의 토대가 되는 활동인 방향설정 기능이라고 보았다. 또한 급변하는 경영환경 속에서는 늘 생각지도 못한 상황이 벌어지기 때문에 리더는 광범위한 자료를 수집하고 정보 간의 연관성과 관계유형을 찾아내서 상황을 파악한다. 따라서 리더십의 한 측면인 방향설정은 계획을 세우는 것이 아니라, 비전과 전략을 창조하는 것이라고 설명하였다.

둘째는 인력단합 기능으로 현대 조직의 두드러진 특징이 상호의존성이라고 말한다. 현대의 조직 구성원 중 완벽하게 독립하여 활동할 수 있는 사람은 아무도 없으며, 각기 기술, 관리 시스템, 위계질서 등을 통해 서로 다른 사람들과 연결되어 있다고 보았다. 그리고 바로 이런 연결 관계가 도전 과제로 나타나고 이를 해결해주는 기능이 바로 인력단합 기능이라고 보았다. 이는 구성원 간의 의사소통 문제를 해결해주고 조직화하여 단합을 통한 권한위임을 가능하게 하는 기능이라고 주장하였다.

셋째, 동기부여 기능은 기업환경의 변화가 심할수록, 리더가 리더십 기능을 발휘하여 사람들에게 동기를 부여하는 것이다. 즉, 리더십이 제대로 발휘되면, 상하계층을 막론하고, 구성원들이 나름대로 다양한 리더십 역할을 수행하기 때문에 조직 전반에 걸쳐 리더십이 재생산된다고 설명한다.

또한 버트 나누스(Bert Nanus)는 이와 관련하여 21세기에 요구되는 비전적 리더십을 효과적으로 수행하기 위한 리더의 4가지의 역할을 제시하였다. 이 4가지 역할은 내부환경과 외부환경, 그리고 현재와 미래의 두 축을 중심으로 구분되며, 다음의 〔그림 1-5〕와 같다.

첫째는 외부환경과 미래에 초점을 맞춘 방향설정자의 역할이다. 리더는 미래의 외부환경에 있는 목표를 선정하여 명확하게 제시함으로

[그림 1-5] 리더의 역할

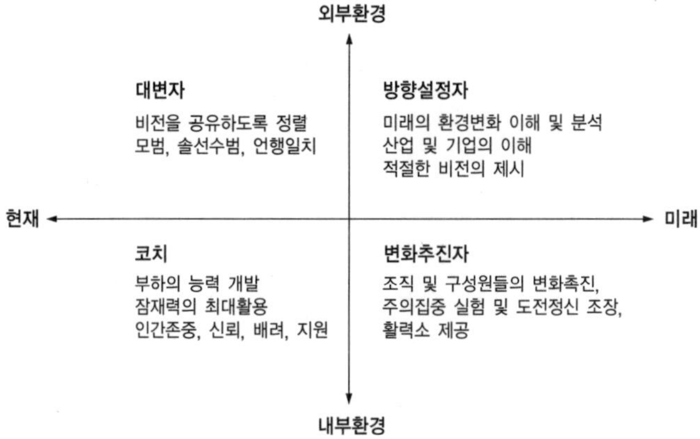

출처: 버트 나누스, 박종백, 이상욱 옮김, 『리더는 비전을 이렇게 만든다*Visionary Leadership*』, 21세기북스, 1994, p. 39.

써 조직이 그 목표에 노력을 집중하도록 해야 한다. 이것이 바로 방향설정자의 의미이다.

훌륭한 방향설정자가 되기 위해서 리더는 목적지로 향하는 길을 설정하여 다른 사람들이 조직이 정말로 발전하고 있다고 알 수 있도록 해야 한다. 발전이란 효과성이나 효율성의 측면에서 뚜렷이 한걸음 앞선다는 것을 의미할 수도 있다. 신규 고객을 만족시킬 수 있는 능력을 강화시키거나 첨단 기술이나 신제품의 영역에서 리더로서 인정을 받는 것을 의미할 수도 있다. 방향설정자로서 성공했다면, 모든 조직 구성원들이 그 실현을 위해 도움을 아끼지 않을 정도로 강력한 비전을 이미 확립하였다고 볼 수 있다.

둘째는 내부환경과 미래에 초점을 맞춘 변화추진자의 역할이다. 변화추진자란 미래의 비전을 달성하기 위해 내부환경, 즉 조직이나 구성원들의 변화를 촉진시키고, 주의를 집중시키는 것이다. 즉, 리더는 변화추진자로서 비전을 달성하는 전략을 수립하고 인적, 물적자원에 투자를 해야 하며, 조직의 문화나 풍토, 조직구조, 조직운영방식 등을 새로운 비전을 위해 변화시켜야 한다. 이때 변화에 대한 저항을 극복하여 성공적인 변화관리가 이루어져야 하며 이를 위한 능력이 요구된다. 이와 더불어 훌륭한 변화추진자가 되기 위해서는 위기의식을 불어넣고 비진에 따른 변화의 우선순위를 정히고 부단한 실험 또는 도전정신을 고무시키고 구성원들에게 활력을 불어넣어야 한다. 또한 조직과 그 운영방식에 대해 유연성을 가질 수 있어야 한다.

셋째는 외부환경과 현재에 초점을 맞춘 대변자 역할이다. 대변자란 사람들이 비전을 공유할 수 있도록 노련한 연설자로서, 관심을 가진 경청자로서, 그리고 비전의 구현자로서 조직과 비전에 대해 옹호할 뿐 아니라 고객, 공급자, 주주 등의 외부고객들과의 관계에서 협상역할을 하는 것을 뜻한다. 비전은 사람들이 공유하기 전에는 공염불(空念佛)에 불과하다. 사람들이 공유해야 비전을 달성하기 위해 조직을 변화시키고 구성원들을 이끌 수 있는 힘이 생긴다. 비전을 공유하기 위해서는 그것을 강요하기보다는 자발적으로 비전을 받아들이고 정렬(alignment)하도록 해야 한다.

효과적인 대변자가 되기 위해서는 조직에 도움이 되는 유용한 아이디어, 자원 또는 각종 지원이나 정보를 제공하기 위해 의사소통을 하고, 네트워크를 형성하며 비전을 생활화하여야 한다. 즉, 리더는 대화, 메모, 팜플렛, 포스터, 비디오, 사내신문이나 방송 등을 통해 조직 내부의 구성원들과 의사소통하며 인터뷰, 신문, 라디오나 텔레비전 등의 방송매체를 통해 조직 외부 사람들에게 비전을 전파한다. 또한 리더는 신뢰와 합의를 얻기 위해 조직의 안팎에 있는 사람들과 네트워크를 형성하는데 이러한 네트워크 관계에서 리더는 훌륭한 경청자여야 할 뿐 아니라 협상가여야 한다. 그리고 비전의 생활화란 언행일치의 개념으로 비전을 몸소 실천하여 모범을 보이는 것이다.

넷째는 내부환경과 현재에 초점을 맞춘 코치의 역할이다. 코치는 사람들의 능력을 개발시키고 그들의 잠재력을 완전히 활용하여 비전의 달성에 헌신적으로 참여하여 높은 성과를 올리도록 하는 것이다. 이를 위해서 리더는 사람 중심으로 그들의 중요성을 강조하고 구성원들의 기본적 욕구에 기초하여 그것을 만족시켜야 한다.

효과적인 코치가 되기 위해서 리더는 자신이 어느 곳에 서 있는지, 비전이 자신에게 어떤 의미를 가지는지, 그리고 비전을 실현하기 위해서 자신이 무엇을 할 것인지를 사람들에게 알려주어야 한다. 또한 모든 조직 구성원들을 존중하고 신뢰를 구축하고 그들이 배우고 성장할 수 있도록 도와주며, 비전을 성취하기 위해 그들의 능력을 지속적으로 성장시킬 수 있는 방법을 가르쳐줌으로써 구성원들의 성공을 위해 헌신적으로 노력해야 한다.

2 리더십 특성 및 행동 이론

학습목표

- 리더십 이론의 발전 과정에 대해서 이해한다.
- 리더십 이론들의 조직생활에의 적용을 검토해본다.
- 현대 사회에 이르기까지 효율적 리더의 상(像)을 검토해본다.

리더십에 관한 문헌은 수없이 많다. 베니스는 리더십이란 조직 구성원들로 하여금 각자 비전을 갖고 자기의 능력을 모두 쏟아 그 비전을 실현하게끔 하는 것이라고 정의했고,[1] 랄프 스토그딜(Ralph M. Stogdill)은 리더십이란 집단의 구성원들로 하여금 특정 목표를 지향하게 하고 그 목표달성을 위해 실제 행동을 하도록 영향력을 행사하는 것이라고 정의했다.[2] 그 외에도 리더십에 대한 정의는 리더십 학자의 수만큼 많다고 해도 과언이 아니다.

리더십의 정의만큼이나 리더십 이론을 분류하는 것도 쉬운 일이 아니다. 어떤 학자는 열 가지 유형이 있다고 하고 또 어떤 학자는 단순히 두 가지 유형으로 나눌 수 있다고 한다. 예를 들어 최근에 와서도 프레드 루단스(Fred Luthans)는 ① 특성 이론, ② 집단 이론, ③ 환경적응 이론, ④ 경로-목표 이론으로 구분하였다.[3] 그리고 제랄드 그린버그(Jerald Greenberg)와 로버트 바론(Robert Baron)은 ① 특성 이론, ② 행동 이론, ③ 리더십 효과론, ④ 변혁론 그리고 ⑤ 기타 이론 등으로[4] 구분하고 있다. 그런가 하면 또 다른 몇몇 논자들은 나름대로 일정한 기준을 설정하여 다양하게 구분하기도 한다.

〔표 2-1〕에서처럼 아서 야고(Arthur G. Jago)[5]는 리더의 특성이나 행동 중의 어느 것을 연구하는가와 보편적인 것과 환경적응적인 것 중 어느 접근 방법을 따르는가 하는 두 개의 축으로 된 매트릭스를 만들어 ① 보편적-리더십 특성 이론 ② 보편직-리더십 행동 이론 ③ 환경적응적-리더십 특성 이론 ④ 환경적응적-리더십 행동 이론 등 네 가지 범주로 구분하고 리더십의 모든 중요한 이론은 이들 중 어느 하나에 속한다고 설명한다.

[표 2-1] 야고의 전통적 리더십 이론의 유형

	접근 방법 (일반화의 정도)	
	보편적	상황적 (환경적응적)
리더의 특성	특성 이론	피들러의 상황 이론
리더의 행동	행동 이론	경로-목표 이론 허시와 블랜차드의 상황 이론 등

이 장에서는 먼저 보편적 접근으로 분류되는 리더십 특성 이론 및 행동 이론을 중심으로 살펴보도록 한다.

토론거리

1. 효과적 리더 VS 비효과적 리더

(1) 개인별로 효과적 또는 성공적이라고 생각하는 리더의 이름을 리스트하십시오.
(2) 개인별로 비효과적 또는 성공적이지 못하다고 생각하는 리더의 이름을 리스트하십시오. 가급적 비즈니스 리더이면 가장 좋으나 공유할 수 있는 일반적 리더 또는 알려진 리더나 역사적 리더여도 관계는 없습니다.
(3) 소집단으로 모여 효과적 리더 2~3명과 비효과적 리더 2~3명을 각각 확정합니다.
(4) 소집단별로 앞에서 확정된 효과적 리더 집단과 비효과적 리더 집단 간의 차이점을 확인합니다.
(5) 토론 결과를 발표하고 공유합니다.

2. 리더의 공통 특성

비디오 여행을 통한 효과적 리더십의 이해 〈크림슨 타이드〉
(1) 함장과 부함장의 공통점과 차이점은 무엇인가?
(2) 효과적 리더로서의 공통적 특징은 존재하는가?

* 리더의 특성 · 행동 모두 찾아도 된다.

위의 두 연구를 통해 우리는 효과적 리더의 특성 · 행동과 비효과적 리더의 특성 · 행동의 차이를 구분할 수 있다.

성공적 리더 특징은 프로세스(Process)와 프로퍼티(Property)의 두 가지 측면으로 나누어 볼 수 있다.

프로세스란 목표를 달성하도록 구성원들의 활동을 이끌고 조정하기 위한, 비강압적 영향력에 기초한 행동이다. 리더십은 리더 행동에서 관찰될 수 있는 현상으로 후천적으로 학습에 의해 습득될 수 있으며, 따라서 리더십 발휘는 누구나 가능하다는 시각을 가지고 있다.

프로퍼티란 이러한 영향력을 성공적으로 사용하는 것으로 인지되는 사람에게 귀속되는 특성의 집합을 말한다. 어떤 사람은 리더가 될 수 있는 특별한 천부적 특성이나 자질을 가지고 태어난다는 시각을 가지고 있다.

2-1 리더십 특성 이론

1. 초기 연구

특성연구(trait approach)는 리더십 연구를 위한 최초의 체계적인 시도였다. 우수한 리더들은 그들만이 갖는 공통적 특성을 가지고 태어나며, 이러한 특성을 지닌 사람들이 리더가 되면 그 리더 밑의 부하들은 리더의 영향력을 잘 수용한다는 사고에서 출발한다. 이러한 사고는 리더의 어떠한 특성이 리더십을 유효하게 하는지, 효과적인 리더와 비효과적인 리더를 구별하는 특성은 무엇인지를 분석하는 것이다.

리더십 특성 이론의 초기 연구는 리더가 구비해야 할 자질 요인을 규명하는 것이었고, 이를 위해 위인(great man)으로 불리는 사람들의 특징 연구에 초점을 맞추고 있다. 역사적으로 유명한 인물은──예를 들면 나폴레옹, 히틀러, 링컨, 간디, 케네디 등──어느 시대에서나 어떤 상황에서나 리더가 될 수 있는 천부적인 리더십 능력을 타고나 위대한 리더가 되었다고 생각한 것이다. 그래서 이러한 영웅은 신체 구조나 용모가 다른 사람보다 특별히 구별되며 신분, 지능지수, 성격 등도 다른 사람보다 뛰어나야 된다는 것이다.[6]

각 분야의 학자들은 리더가 구비하고 있는 자질요인을 찾아내는 과정에서 어떤 특정요인이 가장 빈번하게 나타나는가를 살펴, 이를 리더십을 규정하는 데 있어서 가장 중요한 기준으로 삼았다. 리더의 특성에 대한 1904년부터 1948년까지의 연구는 리더의 특성을 계량적으로 측정하여 그러한 특성과 리더로서의 성공 여부 간의 관계를 규명하는

데 주력하였으며,[7] 학자마다 정리하는 방식에 다소간의 차이가 있지만, 중요한 리더의 특성으로 강조되는 것은 대체로 다음의 〔표 2-2〕 및 〔표 2-3〕과 같다.

[표 2-2] 야고의 리더의 중요한 특성[8]

구분	내용
신체적 특성	활동성, 정력, 외모, 차림새, 키, 몸무게 등
능력 특성	행정능력, 지능, 판단력, 지식, 기술적 능력, 어휘 구사력 등
성격 특성	성취동기, 야망, 적응력, 공격성, 민첩성, 반권위주의적 성격, 지배성향, 자기제어, 열정, 외향성, 독립성, 주도적, 직관력, 성실성, 객관성, 창의성, 일관성, 인내력, 책임감, 자신감, 유머감각, 스트레스 저항력 등
사회적 특성 (대인관계)	협동심, 대인관계 기술, 민감성, 명예나 인기중시 성향, 사회성, 사회경제적 지위, 다변성(talkativeness), 재치 등

2. 변천 과정

1940년대에 이르러 이 같은 리더십 특성연구는 보편성(the universality of leadership traits)에 의문을 제기한 연구들에 의해 비판을 받게 되었다. 스토그딜은 그의 첫번째 연구에서 1904년부터 1947년 사이에 이루어진 124건의 특성연구를 종합 분석하였다. 첫번째 연구의 분석 결과 리더가 될 수 있는 자격으로 지적능력, 민감성, 통찰력, 책임감, 진취성, 지속성, 자신감, 사교성 등을 제시하였고, 이러한 특성들

[표 2-3] 스토그딜의 리더십 특성

1. 신체적 특성	2. 사회적 배경	3. 지능
① 연령 ② 체중 ③ 신장 ④ 외모	① 교육 ② 이동성 ③ 사회적 지위	① 판단력 ② 결단력 ③ 언변
4. 개성(퍼스낼리티)	**5. 과업관련 특성**	**6. 사회적 특성**
① 호전성 ② 자신감 ③ 지배성 ④ 노력 ⑤ 외향성 ⑥ 독립성 ⑦ 창조성 ⑧ 인격 ⑨ 자신의 신용	① 성취감 ② 책임감 ③ 창의력 ④ 집착 ⑤ 진취성 ⑥ 과업지향적	① 감독능력 ② 매력 ③ 협동성 ④ 인기 ⑤ 명성 ⑥ 사교성 ⑦ 재치 ⑧ 외교

출처: R. M. Stogdill(1981), *Handbook of Leadership*, New York: Free Press.

은 주어진 상황에 따라 그 효과성이 다르다고 하였다. 즉 한 개인이 어떤 특성들을 소유하였기 때문에 리더가 되는 것이 아니라 오히려 그 특성들은 리더가 활동하는 상황에 적합해야 한다는 것이다. 어떤 특정한 리더십 특성을 가진 사람이 어떤 상황에서 리더가 될 수 있어도 다른 상황에서는 리더가 되지 못할 수도 있다는 것이다. 즉 리더십은 어떤 개인이 갖고 있는 자질이라기보다는 사회적 상황 속에서 발생하는 사람들 간의 관계라고 개념화하였다.[9]

스토그딜(1974)의 두번째 연구는 1949년부터 1970년 사이에 연구된 168편의 논문을 분석한 것이다. 그의 분석에 의하면 많은 연구들이 초기 리더십 특성에 대한 비판이 지나친 나머지 리더십의 특성을 부정하기에 이르는 경우도 있다는 것이다. 그러나 리더의 특성은 리더십 효과성을 증진시킬 수 있는 가능성이 있으며, 첫번째 분석과 달리 리더의 특성과 상황요인 모두가 리더십의 결정요인이라고 주장하였다. 그는 리더의 특성으로 성취욕, 지속성, 통찰력, 진취성, 자신감, 책임감, 협동성, 참을성, 영향력, 사교성을 제시하였다.[10]

특성 이론에 관한 과거 연구에서는 훌륭한 리더의 특성과 그들이 리드하고 있는 조직의 성과 간에 상관성을 일관성 있게 찾지는 못하였다. 그럼에도 불구하고 과거의 특성 이론 자료를 오늘날 현대의 분석기법으로 분석한 결과를 보면 이들 간에는 높은 상관관계가 나타나고 있다.[11]

최근 연구는 타고나는 신체적, 개인적 특성을 넘어선 학습 가능한 능력과 기술에 초점을 두고 있다. 중요한 특성은 상황에 따라 다르지만 어떤 특성은 분명히 주어진 상황에서 리더 효과성에 도움이 될 것이며, 또한 어떤 특성은 다양한 상황에 걸쳐 기본적으로 리더가 효과적이도록 도움이 될 수 있다는 것이다.[12]

예를 들어 로드(R. G. Lord)와 그의 동료들은 1959년에 연구한 만(R. D. Mann)의 연구결과를 메타분석(meta-analysis)이라는 보다 정교한 분석방법을 통해 재평가하여 지능, 남성적 기질, 지배성향이 전형적인 리더의 특성으로 인지되고 있음을 발견하였다.[13]

또한 인적 특성에 대한 많은 선행 연구에 기초하여 크리스티 드베이더(Christy DeVader)와 조지 앨리저(George Alliger)는 성격 특성들이 그 개인의 리더십에 대한 지각과 강한 상관성이 있다는 것을 발견하였다.

마찬가지로 새무얼 커크패트릭(Samuel Kirkpatrick)과 에드윈 로크(Edwin A. Locke)는 리더십 특성 이론에 대한 선행연구 결과를 개념적으로 분석하여 리더와 리더가 아닌 사람들은 분명히 다른 점을 지니고 있다고 주장하였다. 이는 추진력(Drive: achievement, ambition, energy, tenacity, initiative), 지도욕구(Leadership Motivation〔personalized vs. socialized〕), 정직성과 성실성(Honesty and Integrity), 자신감(Self-confidence〔including emotional stability〕), 인지적 능력(Cognitive Ability), 사업지식(Knowledge of the Business), 기타 특성들(Other Traits〔Weaker support〕: charisma, creativity/originality, flexibility)이며, 개인들은 이런 특성을 가지고 태어날 수도 있고 또 학습될 수도 있으며 두 가지 모두에 해당될 수도 있다고 하였다.[14]

이상의 연구 성과를 종합하여 리더의 핵심적 특성을 정리하면 〔표 2-4〕와 같다. 〔표 2-4〕는 리더십과 관련된 특성들의 범위를 분명하게 보여준다. 동시에 〔표 2-4〕는 어떤 특성이 결정적인 리더십 특성인지 선택하기가 매우 어렵다는 것도 보여주고 있다. 어떤 특성은 여러 연구에 동시에 나타나 있는가 하면 어떤 특성은 한두 연구에만 제한되어 나타나기 때문이다. 이러한 특성연구는 시대별 차이성을 반영하기도 하지만 핵심 공통특성을 보여주기도 한다. 〔표 2-4〕는 그 정확성과는 상관없이 리더의 능력이나 특성은 무엇이며, 누구를 리더로 할지, 현재의 리더가 리더로서의 자격이 있는지, 리더로 지각되기를 원하는 경우 소유하거나 개발하고 싶은 리더십 특성은 무엇인지를 알려

[표 2-4] 연구(도)별 리더의 핵심 특성[15]

스토그딜 (1948)	만 (1959)	스토그딜 (1974)	로드 외 (1986)	커크패트릭과 로크 (1991)
능력 민감성 통찰력 책임감 진취성 지속성 자신감 사교성	지적능력 적응성 외향성 지배성향 남성적 기질 감수성	성취욕 지속성 통찰력 진취성 자신감 책임감 협동성 참을성 영향력 사교성	지적능력 남성적 기질 지배성향	추진력 지도욕구 정직 · 성실성 자신감 인지적 능력 사업지식 동기유발

주고 있다는 점에서 의의가 있다. 위의 목록에서 중심이 되는 특성을 피터 G. 노스하우스(Peter G. Northouse)는 지능, 자신감, 결단력, 성실성, 사교성 등 다섯 가지로 정리하였다([표 2-5] 참조).[16]

3. 21세기 리더의 자질 및 요건

21세기의 핵심리더가 효과적으로 리더십을 수행하는데 요구되는 역할은 매우 다양하다. 베니스는 변화를 추구하는 리더십 역할에 초점을 맞추어 이를 효과적으로 수행하기 위해 갖추어야 할 리더의 능력을 4가지로 요약하고 있다. 즉, 주의의 관리(management of attention), 의미의 관리(management of meaning), 신뢰의 관리(management of trust), 그리고 자신의 관리(management of self)가 그것이다.

[표 2-5] 노스하우스가 정리 · 도출한 주요한 리더십 특성

중심 특성	구체적 특성
지능 (Intelligence)	• 지적능력은 리더십과 정적인 관계를 가지고 있음 • 뛰어난 언어능력, 지각능력, 추리력
자신감 (Self-Confidence)	• 자신의 유능성이나 기량을 확신하는 것 • 자존감, 자신의 능력에 대한 신뢰, 해낼 수 있다는 믿음 등
결단력 (Determination)	• 일을 완성하겠다는 욕망을 가리키는 말 • 진취성, 지속성, 지배성, 추진력 등
성실성 (Integrity)	• 정직성과 신뢰성을 의미 • 일련의 강력한 원칙을 지키고 자신들의 행동에 책임을 지는 사람들
사교성 (Sociability)	• 즐거운 사회적 관계를 추구하는 리더의 성향을 가리키는 말 • 사교성향을 보이는 리더들은 친절하고 개방적이고 예의바르고 재치가 있으며 외교적이다.

먼저, 주의의 관리란 리더는 비전을 가지고 있어야 할 뿐 아니라 구성원들이 비전에 몰입하게 해야 한다는 것이다. 다음으로 의미의 관리란 의사소통 등을 통해 구성원들이 리더의 비전에 정렬(alignment)되도록 하는 것이다. 그리고 신뢰의 관리란 구성원들에게 믿음을 주도록 일관성이 있고 성실하며 구성원들의 가치를 인정해주는 것이다. 마지막으로 자신의 관리란 자신의 능력을 알고 그것을 효과적으로 활용하는 것이다. 이러한 능력을 가진 리더는 리더십의 발휘를 통해 구성원들을 임파워먼트(empowerment)시킬 수 있다는 것이다.

베니스와 매우 유사한 관점에서 존 갤브레이스(John Galbraith)와 에드워드 롤러 3세(Edward E. Lawler III)도 효과적인 리더십의 기본적

인 특성으로 6가지를 제시하고 있다. 물론 이러한 6가지는 과거부터 효과적인 리더십의 기본 특성으로 중시되어온 것이지만 21세기에는 이러한 특성을 가진 리더들이 더욱 필요하므로 강조되어야 한다는 것이다. 그가 제시한 21세기의 리더에게 요구되는 효과적인 리더십의 6가지 기본특성은 다음과 같다.

① 방향과 임무를 현실로 전환시킬 수 있는 능력
② 종업원들을 설정된 방향으로 정렬시킬 수 있는 능력
③ 성실성과 신뢰를 개발할 수 있는 능력
④ 불확실성에 대해 편안함을 느끼기
⑤ 강한 자기인식
⑥ 끊임없는 학습과 적응

또한 최근 제임스 쿠세스(James M. Kouzes)와 베리 포스너(Berry Z. Posner)는 세계 각지의 2만여 명의 회사원에게 '귀하는 상사의 어떤 특성을 높이 평가합니까?'라는 질문의 응답을 분석하여 ① 정직성 ② 영감 ③ 능력 ④ 미래 통찰력의 네 가지 리더 특성요소를 찾아내었다. 이는 리더라면 우선 믿을 만하고 비전과 지도력을 갖춘 사람이어야 한다는 것을 의미한다.[17] 이들은 같은 시기에 6개 대륙의 75,000명을 대상으로 "당신의 상사에게서 존경할 만한 특징, 성격, 가치는 무엇인가"라는 질문에 대해 가장 중요한 7가지를 선정하도록 한 연구에서 〔표 2-6〕과 같은 결과를 도출해내기도 하였다.

특성연구에 대한 새로운 관심의 결과로 나타난 추가적인 징후들을,

[표 2-6] 존경받는 리더의 특징[18]

특징	항목에 대한 응답 비율(%)		
	2002조사	1995조사	1987조사
1. 정직함(honest)	88	88	88
2. 통찰력(forward-looking)	71	75	62
3. 유능함(competent)	66	63	67
4. 동기부여(inspiring)	65	68	58
5. 지적능력(intelligent)	47	40	43
6. 공명정대(fair-minded)	42	49	40
7. 포용력(broad-minded)	40	40	37
8. 지원적(supportive)	35	41	32
9. 명쾌함(straightforward)	34	33	34
10. 신뢰성(dependable)	33	32	33

많은 연구자들이 최근 강조하고 있는 비전적 리더십과 카리스마적 리더십(visionary and charismatic leadership)의 연구에서도 찾아볼 수 있다.[19] 특히 리더십이 인간의 신체적 특성과 관련이 있다는 연구가 증가하고 있다.[20] 예를 들어 훌륭한 리더는 반드시 잘생기거나 강한 육체를 가졌거나 공격적일 필요는 없으며 오히려 부드럽고 사교적이어야 한다고 한다. 그런데 이러한 유능한 리더는 공격성이나 적대적 욕구를 자제하면서 여러 사람과 잘 어울리면서도 경쟁(성취) 욕구도 높기 때문에 사람들로부터 우러름과 칭찬을 받으려는 행동을 하면서 좋은 리더로 부상하기를 원한다는 것이다. 이에 따라 최근에는 감성지수에 대한 관심이 높아지고 있다.[21]

4. EQ[22]

최근에는 개인의 정서적 감도가 리더십에 중요하다는 의견과 함께 감성지수에 대한 관심도 증대되고 있다. 선구적인 CEO들이 감성을 경영에 도입하기 시작함으로써 감성경영은 이제 본격적으로 도입 및 파급되는 시기를 맞이하고 있다. 1995년 대니얼 골먼(Daniel Goleman)은 그의 저서 『감성지능*Emotional Intelligence*』에서, 감성지능이란 '자신의 감정적 충동을 다스릴 수 있고, 상대방의 감정을 읽을 수 있으며, 인간관계를 부드럽게 이끌어갈 수 있는 능력'이라고 정의하였다.

21세기로 들어서면서 우리는 경영환경의 급변화와 복잡화 등으로 인한 예측불가능의 시대에 살고 있다. 우리나라는 현재 농업사회, 산업사회 그리고 정보통신사회를 동시에 살고 있으며 세계는 글로벌 경쟁상황을 맞고 있다. 아울러 디지털 문명의 혜택을 받은 세대가 시장에서 차지하는 비율이 점차 높아지고 그 욕구 또한 다양화되고 있다. 더 나아가 여성의 저출산율과 고학력에 따른 사회 활동의 증가로 인한 시장구조의 변화는 이들의 욕구에 맞는 상품과 서비스의 제공 없이는 기업의 존폐·생존을 어렵게 하고 있다. 이들의 욕구는 이성과 합리성이 아니라 바로 '감성'이다.

국경을 넘는 경쟁과 디지털세대 및 경제활동을 하는 여성 인력에의 대응이 중요해짐에 따라 문제를 해결하고 새로운 대안을 제시할 수 있는 리더십과 이를 따르는 능력 있는 인재의 필요성은 더욱 높아져 간다. 지금과 같은 상황에서 기업이 인재에게 요구하는 능력은 지식과 기술로 대변되는 이성이나 합리적인 것으로 국한되지 않는다. 극심한 경쟁 상황에서 잘 견뎌내면서도, 남을 이해하고 남과 함께 팀을 이루어 문제를 해결하고 목표를 달성해가는 감성역량을 가진 인재가 필요한 것이다.

실제로 성과가 높은 기업을 연구한 결과를 보면, 감성리더십을 갖춘 리더들과 높은 감성역량을 가진 직원들로 구성된 것을 알 수 있다. 골먼은 수백 개의 기업을 대상으로 연구한 결과를 발표했는데, 업무에서의 성공요소 중, IQ 요소는 20퍼센트인 데 반하여 감성역량을 의미하는 EQ 요소는 80퍼센트를 차지한다는 사실을 밝혀냈다.

여기에서 말하는 감성지능(Emotional Intelligence, EI)이란 자신의 심리적, 지적 능력 한계와 가능성을 객관적으로 판단해 자신의 감정을 정확히 판단하고 잘 다스리며 상대방의 입장에서 그 사람을 진정으로 이해하고 타인과 원만하고도 좋은 관계를 유지할 수 있는 능력 혹은 태도 특성을 말한다. 감성지수(EQ)는 위의 능력 등을 지수화한 것이다.

골먼은 이런 태도를 '정서면에서의 지성'이라 하고 그 육성의 필요성을 강조했다. 미국의 교육학자들도 친구들과 잘 어울려 놀지 못하는 아이가 학교를 중퇴할 확률이 평균보다 8배나 높다는 사실을 지적하며, 유아기부터 EQ를 키우는 감정교육을 실시하도록 권고하고 있다.

내용으로는 감성역량(혹은 지능)은 4가지 요소로 나누어지는데, 하부 요소의 역량들이 우선적으로 갖추어질 때 상부 요소의 역량들이 제대로 기능을 할 수 있다. 첫째, 자기 인식 능력으로 자신의 감정과 자신이 무엇을 하는지 분명히 인식하고 바르게 표현하는 능력이다. 둘째, 자기 관리 능력으로 자신의 감정, 능력, 한계, 가치, 목적에 대해 깊이 이해하는 능력이다. 셋째, 사회적 인식 능력으로 다른 사람의 얼굴과 목소리를 통해 그 사람의 감정을 읽어내고 대화 도중에 상대방의 감정에 동조 및 공감하는 능력이다. 넷째, 관계 관리 능력으로 다른 사람들을 팀과 조직의 가치, 목표에 깊이 공감할 수 있도록 인도하여 올바른 방향으로 이끄는 능력이다.

이를 통해 높은 감성지능을 갖춘 리더는 개별 구성원들에 대한 이해와 배려, 공감을 바탕으로 팀과 조직의 가치, 목표를 공유하여 추구하며, 이는 구성원들에게 팀과 조직에 대한 주인의식, 열정, 헌신을 불러일으킴으로써 조직의 성과에 긍정적인 영향을 미치게 된다는 것이다.

그러나 아직 IQ처럼 정형화된 EQ 테스트 방법은 정립되어 있지 않

[그림 2-1] 감성지능의 구성 요소

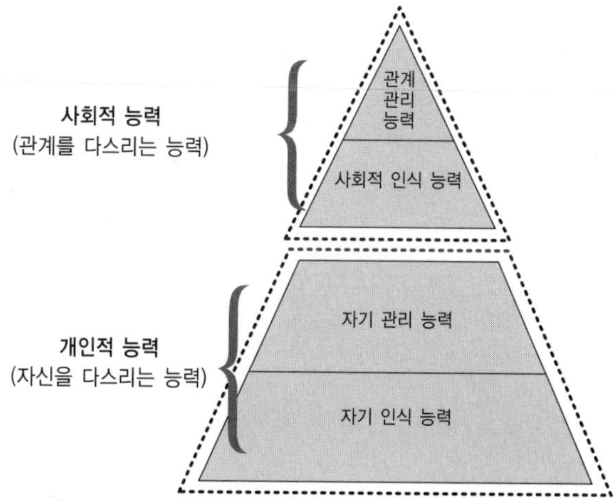

출처: D. Goleman, R. Boyatizis & A. McKee, *Primal Leadership*, Harvard Business School Press, 2002.(『감성의 리더십』, 정석훈 옮김, 청림출판, 2003)

다. EQ는 IQ처럼 수치로 정확히 측정할 수 있는 것은 아니고 아직까지는 높고 낮음을 추정해볼 뿐이다. 하지만 많은 연구가 진행되고 있으므로 향후 정확도가 높은 측정 방법이 나올 것을 전망해볼 수 있다.

자가진단

EQ테스트[23]

■ **당신의 행동에 가장 근접하는 항목을 고르시오**

1. 당신은 지금 극심하게 흔들리는 비행기 안에 앉아 있다. 어떻게 행동할 것인가?
   ① 대수롭게 생각하지 않고 조용히 읽던 책을 계속해서 읽는다.
   ② 스튜어디스의 태도로 상황의 심각성을 확인해보는 한편, 신중을 기하기 위해 구명조끼를 한번 만져본다.
   ③ ①과 ②의 중간쯤
   ④ 모르겠다. 생각해보지 않았다.

2. 당신은 딸을 데리고 몇몇 이웃 아이들과 함께 놀이터에 갔다. 갑자기 한 아이가 울기 시작하였는데, 다른 아이들이 그 아이와 같이 놀려고 하지 않기 때문이다. 당신은 어떻게 행동할 것인가?
   ① 간섭하지 않는다.
   ② 어떻게 하면 다른 아이들이 그 아이와 같이 놀아줄까 하고, 우는 아이와 함께 골똘히 생각한다.
   ③ 그 아이에게 울지 말라고 친절하게 이야기한다.
   ④ 장난감을 가지고 우는 아이의 마음을 다른 곳으로 돌린다.

3. 당신은 좋은 성적을 기대했던 중간시험을 망쳤다. 어떤 반응을 할 것인가?
   ① 다음번 시험에서 성적을 올리기 위해 학습계획을 세우고, 이 계획을 철저하게 지키겠다고 결심한다.
   ② 앞으로 더 열심히 노력하겠다고 결심한다.
   ③ 스스로에게 그 과목의 성적은 그렇게 중요하지 않다고 말하며, 그 대신 성적이 더 잘 나온 과목에 집중한다.
   ④ 교수와 면담하고 성적을 다시 한번 생각해달라고 부탁한다.

4. 당신은 전화로 어떤 물건을 판매하는 일을 하고 있다. 그런데 당신이 접촉한 15명의 고객이 당신의 전화에 퇴짜를 놓았다. 어떻게 행동할 것인가?
   ① 오늘은 포기하고, 내일은 운이 좋아질 것이라고 기대한다.
   ② 성공하지 못한 원인이 무엇인가 골똘히 생각한다.
   ③ 다음번에 전화할 때는 다른 방식으로 시도하고, 그렇게 빨리 포기해서는 안 된다고 자신을 타이른다.
   ④ 이것이 당신에게 맞는 직업인지 자문한다.

5. 자동차를 운전하던 당신의 여자 친구는 위험하게 바로 앞으로 끼어드는 다른 자동차 운전자 때문에 몹시 흥분했다. 그녀를 달래기 위해 당신은 어떻게 행동할 것인가?
   ① '잊어버려, 아무 일도 생기지 않았잖아'라고 말한다.
   ② 그녀의 마음을 돌리기 위해 그녀가 좋아하는 카세트테이프를 꽂는다.
   ③ 그녀와의 연대감을 나타내기 위해 그녀의 욕설에 동조한다.
   ④ 당신도 최근 비슷한 경험을 한 일이 있는데, 알고 보니 그 차가 구급차였다고 이야기해준다.

6. 당신과 당신 파트너 사이에 언쟁이 벌어졌다. 둘은 매우 흥분한 상태이고 사실이 아닌 비난으로 서로를 공격한다. 어떻게 행동할 것인가?
   ① 20분간의 휴식을 제의하고, 그 뒤에 논쟁을 계속한다.
   ② 싸움을 중지하고 더 이상 아무 말도 하지 않는다.
   ③ 유감스럽다고 말하고, 상대방에게 용서를 청한다.
   ④ 정신을 차리고 잠시 숙고한 후, 당신이 할 수 있는 범위에서 당신의 관점을 설명한다.

7. 당신의 세 살 난 아들은 갓난아이 때부터 낯선 사람과 환경에 소심한 반응을 보이며 수줍음을 매우 많이 탄다. 어떻게 대처할 것인가?
   ① 그 아이가 선천적으로 수줍어한다는 사실을 인정하고, 어떻게 하면 아이를 위협적인 상황으로부터 보호할 수 있을까 숙고한다.
   ② 아동심리학자와 상담한다.

③ 아이를 의도적으로 새로운 사람과 상황에 가능한 한 많이 직면하게 하여 불안을 떨치게 한다.
④ 아이에게 다른 사람과 많이 어울릴 수 있도록 용기를 주는 경험들을 하게 한다.

8. 당신은 어렸을 때 피아노를 배웠으나 오랫동안 치지 않았다. 이제 당신은 피아노를 다시 치려고 한다. 어떻게 하면 가장 빨리 배울 수 있을까?
① 일정한 시간에 매일 연습한다.
② 어렵지만 습득할 수 있는 곡을 선택하여 연습한다.
③ 실제로 피아노를 치고 싶을 때에만 연습한다.
④ 상당한 노력을 들여야만 칠 수 있는 매우 어려운 곡을 선택하여 연습한다.

■ **EQ점수 채점**

문항 1 : ①=20점, ②=20점, ③=20점, ④=0점
④는 당신이 스트레스 반응을 의식하고 있지 않다는 것을 보여준다.

문항 2 : ①=0점, ②=20점, ③=0점, ④=0점
②: 감성지능이 있는 부모는 아이들의 부정적 감정을 감성훈련의 기회로 삼는다.

문항 3 : ①=20점, ②=0점, ③=0점, ④=0점
①: 스스로의 동기부여는 무엇보다도 행동계획을 세우고 관철시킬 수 있는 능력 속에서 나타난다.

문항 4 : ①=0점, ②=0점, ③=20점, ④=0점
③: 낙관주의자는 어려운 상황을 배울 기회가 있는 도전으로 간주한다. 자기 자신에게 책임을 돌리거나 절망하지 않고 끝까지 견디며 항상 새로운 것을 시도한다.

문항 5: ①=0점, ②=5점, ③=5점, ④=20점.

④: 몹시 화가 난 사람에게 그 분노에 대해 설명을 해주면 빨리 진정된다.

문항 6: ①=20점, ②=0점, ③=0점, ④=0점

①: 흥분한 육체가 다시 진정될 때까지의 시간인 20분 혹은 그 이상의 시간 동안 싸움을 중단하는 것은 적절하다.

문항 7: ①=0점, ②=5점, ③=0점, ④=20점

④: 선천적으로 수줍어하는 아이들은 불안을 야기하는 상황에 점차적으로 직면한다면, 자신이 갖고 있는 억제감을 쉽게 떨칠 수 있다.

문항 8: ①=0점, ②=20점, ③=0점, ④=0점

②: 성취 가능한 도전의 경우에 잠재되어 있던 성취능력이 가장 잘 발휘될 수 있다.

■ **평가**

- 60점 이하 : 감성지능개발학습법을 읽으십시오. 지능지수와는 달리 감성지수는 상대적으로 쉽게 향상될 수 있습니다.
- 60~120점: 당신의 감성지수는 평균입니다.
- 120점 이상 : 당신의 감성지능은 상당한 수준입니다. 당신은 자신과의 문제가 없으며, 자신의 감정을 잘 다루고 다른 사람을 잘 이해할 뿐 아니라 다른 사람들과 다감하게 교제하는 편입니다.

출처: 『EQ(감성지능개발학습법)』, 도리스 매턴, 카린 뵉 지음, 홍명희 옮김, 해냄출판사, 1996, pp. 26~33.

5. 특성 이론의 장점 및 문제점

특성연구는 이미 지나가버린 트렌드가 아니며 아직도 많은 학자들이 지속적으로 연구하고 있다. 특성연구는 처음에 위인들의 자질을 확인하는 것을 강조하는 것으로 시작되었고, 리더의 행동스타일의 연구로 바뀌었다가, 상황변수의 리더십의 영향에 관한 연구를 거쳐, 최근에 와서는 효과적인 리더십에 영향을 미치는 개인 특성의 중요한 역할을 다시 강조하는 방향으로 되돌아오고 있다. 이러한 리더십 특성 이론의 장점을 살펴보면 다음과 같다.[24]

첫째, 특성 이론은 오로지 리더에만 초점을 맞추고 있고 추종자들이나 상황변인들에는 초점을 맞추고 있지 않다. 이것은 잠재적인 약점이기도 하지만 리더십 과정에서 오로지 리더의 역할만을 강조함으로써 특성연구는 보다 깊고 보다 심오한 이해(리더십 과정에서 리더와 그의 성격특성이 어떤 관계를 갖고 있는가에 대한 이해 등)를 제공해준다.

둘째, 이 연구가 강조하는 것은 바람직한 특성을 가지고 있는 리더들을 보유하는 것은 조직의 효과성을 위해 매우 중요하는 점이다. 리더십 특성 측정은 조직인력의 특성을 파악하고 개발하기 위해서 사용될 수 있다. 관리자들이 그들 자신의 특성을 분석해봄으로써 그들의 강점과 약점을 알 수 있게 될 것이기 때문이다. 그래서 특성 측정은 관리자들이 조직 내의 상위직위로 승진하거나 혹은 다른 직위로 이동할 수 있는 자질을 가지고 있는지의 여부를 결정하는 데 도움을 준다. 그리고 특성 측정(traits assessment)은 개인들에게 리더로서의 자신의 모습과 자신이 조직계층의 어디에 어떻게 적합한지에 대한 보다 정확한 이해를 가능하게 해준다.

그러나 리더십 특성 이론은 다음과 같은 측면에서 문제점을 가지고 있기도 하다.

첫째, 리더와 리더가 아닌 사람을 구분하는 리더 특성들의 상당수가 유전적 요소를 지니고 있어서 리더는 만들어지는 것이 아니라 타고나는 것이라는 인상을 짙게 풍기고 있다. 이는 조직에 필요한 리더를 확보하는 데 있어서 큰 문제가 아닐 수 없으며, 타고난 리더와 추종자를 근본적으로 구분하는 것은 윤리적 측면에서도 바람직하지 않다.

둘째, 리더십이 추종자에게 영향력을 미치는 과정이라 한다면, 왜 이러한 특성들이 리더십 유효성에 영향을 미치는지에 대한 명확한 이유를 제시하지 못하고 있다. 이 이론의 타당성을 갖기 위해서는 리더 특성들이 왜 부하에게 영향을 미치는지를 설명할 수 있어야 한다. 많은 리더십 특성연구들은 리더 특성과 리더십 유효성 간의 상관관계만을 제시하고 있을 뿐 리더십 유효성으로 이어지는 과정을 제시하지 못하고 있다. 또한 어떤 연구에서 리더십 유효성과 상관관계가 입증된 리더 특성들이 다른 연구에서는 상관관계가 없는 것으로 나타나는 경우도 허다하다.

셋째, 리더십은 리더와 추종자 간의 상호작용 과정에서 발휘될 수 밖에 없는데 특성 이론은 이러한 상호작용 선상에서 리더의 단독적 특성만을 강조하고 있다. 리더십이 유효하다는 것은 리더와 추종자가 상호보완 관계에 있기 때문일 것이다. 가령 리더가 추종자보다 뛰어난 지적 능력을 갖지 않더라도 추종자의 지적 능력을 발휘하도록 함으로써 뛰어난 업적을 발휘할 수 있는 것이다.

이러한 비판에도 불구하고 특성 이론은 최근 다시 중요하게 인식되고 있다. 그 이유는 다음과 같다. 첫째, 리더의 몇몇 특성들은 유효성을 높이는 데 있어 중요한 역할을 수행할 수 있다는 실증적 연구가 나타나고 있다. 둘째, 리더의 특성들이 주변 사람들의 리더인식이나 지각에 영향을 미칠 수 있다는 인식론적 차원의 새로운 해석이 더해지고 있다. 셋째, 최근 카리스마 리더십, 감성 리더십, 서번트 리더십 등의 새로운 이론이 활발히 연구되면서 이들과 관련된 리더의 특성에 관심이 쏠리고 있다. 이러한 새로운 리더십 특성의 연구는 실무적으로도 많은 관심을 유도하고 있다.

리더십 특성연구 사례[25]

연구개발부서의 신임관리자 선발

샌드라 코크(Sandra Coke)는 오대호 식품(GLF) 회사, 약 1천 명의 종업원이 일하고 있는 대규모의 스낵 식품 회사의 연구개발 담당의 부사장이다. 최근의 구조조정으로 샌드라는 연구개발부서의 신임부장을 선발해야 한다. 샌드라는 신임부장의 직속상사로서 부장으로부터 직접 보고를 받게 되고 신임부장은 신제품의 개발과 검사의 책임을 맡게 된다. 그리고 GLF의 연구개발부서에는 2백 명의 종업원이 근무하고 있다. 샌드라는 최근에 사장과 이사회로부터 회사의 전반적인 성장과 생산성을 개선하라는 압력을 받고 있기 때문에 신임부장의 선발은 매우 중요한 일이 아닐 수 없다. 샌드라는 최근 세 명의 후보자를 내정해놓고 있다. 각 후보자는 동일한 관리계층에서 일하는 직원이다. 그러나 샌드라는 그들 중에서 한 명을 선발하는 데 어려움을 느끼고 있다. 각 후보자 모두가 매우 두터운 신임을 받고 있기 때문이다.

알렉사 스미스(Alexa Smith)는 GLF의 장기근속사원으로서 고등학교 재학시절 우편물 수발실에서 파트타임으로 근무하였고 고등학교 졸업 후 10년 동안 줄곧 회사 전체에 걸쳐서 10여 개나 되는 많은 부서에서 근무하다가 최근 신제품 마케팅부의 관리자로 일하고 있다. 알렉사의 업무기록을 검토해보면 여러 곳에서 그녀가 매우 창의적이고 통찰력이 있다는 것을 알 수 있다. GLF에 근무하는 동안 알렉사는 네 개의 신제품계열을 개발하여 시장에 내놓았다. 그리고 알렉사는 또한 매우 끈질긴 끈기를 가지고 일처리를 하는 사람으로 전 회사에 널리 알려져 있다. 프로젝트가 시작되면 그것이 끝날 때까지 거기에 끈질기게 매달린다. 그녀가 참여한 4개의 신제품 모두가 성공을 거둔 것은 아마도 이 같은 그녀의 끈질긴 자질 때문이었을 것이다.

신임부장 자리의 두번째 후보자는 켈리 메츠(Kelsey Metts)이다. 그녀는 GLF에서 5년 동안 근무 중이고 현재 기존제품의 품질관리 담당 관리자이다. 켈시는 매우 총명한 사람으로 평판이 나 있다. GLF에 입사하기 전 하버드 대학에서 MBA(경영학석사)를 취득하였고 그것도 자기 반의 수석으로 졸업하였다. 사람들은 그녀는 언젠가 회사의 사장이 될 만한 인물이라고 말한다.

켈시는 또한 품위 있고 용모가 아름답다. 그녀는 업무평가에서 사교성이나 인간관계기술에서 최고의 점수를 받고 있다. 그녀와 함께 일하면 정말로 편안하다는 말을 하지 않는 감독자들이 회사 내에서 없을 정도이다. GLF에 입사한 이래로 켈시는 두 개의 신제품계열을 시장에 내놓는 데 중요한 역할을 하였다.

세번째 후보자 토마스 산티아고(Thomas Santiago)는 GLF에서 10년 동안 근무하고 있고 종종 상위 관리층에 회사의 전략계획이나 회사의 방향설정에 관한 자문을 하고 있다. 토마스는 GLF의 비전설정에 매우 깊숙이 관여하고 있고 적극적으로 회사의 사명을 홍보하고 있다. 토마스의 업적평가에서 무엇보다도 뛰어난 점 하나는 그의 정직성과 성실성이다. 그의 감독 밑에서 일해본 사람들은 그가 공정하고 행동에 모순이 없는 사람이라고 말한다. 토마스는 GLF에서 존경을 받고 있으며 회사에 재임하는 동안 3개의 신제품계열의 개발에 참여했다.

샌드라가 직면한 문제는 새로이 만들어진 부장자리에 가장 적합한 인물을 선발하는 일이다. 상위 경영층으로부터 받고 있는 압력 때문에라도 샌드라는 새로운 직위에 최적의 리더를 선발해야 한다.

■ **질문**

'[표 2-4] 각 연구별 리더의 핵심 특성' '[표 2-5] 주요한 리더십 특성'에 제시된 특성연구에 관한 정보를 근거로 하여 다음 질문에 답하시오.

1. 샌드라는 어떤 후보자를 선발해야 하는가?
2. 이 같은 선발과정에서 특성연구가 어떻게 도움이 되는가?
3. 이 사례에서 특성연구의 취약점이 어떻게 강조되고 있는가?

2-2 리더십 행동 이론

1. 행동 이론의 특징 및 동향

리더십 특성 이론은 성격, 지능, 가치 등 관찰하기 어려운 추상적인 구성개념을 측정하는 데 역점을 두었다. 그러나 1940년대 이후 행동주의 심리학이 유행하면서 환경조건이 관찰 가능한 행동에 어떠한 영향을 주는가에 초점을 맞추게 되었다. 이러한 연구 동향은 리더십에도 영향을 미쳐 관찰 가능한 리더십 행동을 측정하는 연구들이 등장하였다.

또한 특성 이론은 뛰어난 리더의 선발을 중시함으로써 조직에 필요한 리더 인력을 충원하는 데 한계에 직면하게 된다. 이에 따라 효과적인 리더십 행동의 본보기를 파악하여, 구성원들에게 그러한 행동을 훈련시켜 리더로 양성하는 방법을 연구하기 시작하였다. 이러한 연구 동향의 전환과 리더의 필요성으로 등장하게 된 리더십 이론이 행동 이론이다.

1940년대 후반부터 본격적으로 소개된 리더십 행동 이론은 효과적인 리더들이 어떠한 행동 스타일 또는 행동 패턴을 보이는가를 규명하여 효과적이라고 입증된 리더십 스타일을 훈련시켜 리더를 양성하고자 하는 것이다. 예를 들면 부하가 문제를 정확히 파악하도록 돕는 방법과 부하에게 자신감을 심어주는 행동을 훈련받은 리더의 경우 그 부하들의 창의성이 증대되었다.[26]

또한 리더의 특성은 리더 자신의 내부에 잠재해 있는 것이지 항상 겉으로 드러나는 것은 아니다. 즉 부하들의 눈에 비치는 리더는 그의 행동이지 그의 특성이 아니다. 따라서 리더십 영향은 리더의 행동이 결정적인 요소라고 보고 이에 대한 연구가 진행되었다. 즉 가장 바람직한 리더십 행동이 무엇인가에 대한 연구가 리더십 행동 이론인 것이다.[27]

따라서 행동주의적 리더십은 '리더는 무엇을 하는가'에 관해 논의함으로써 리더의 행동과 리더의 유효성에 초점을 맞추는 이론이다. 즉 리더의 유형성을 결정하는 것은 개인의 특성이 아니라 부하를 향한 리더의 행동이며 따라서 이 리더십이 리더의 행동 및 리더와 부하집단과의 상호작용에 관한 연구에 집중한다. 특히 이러한 연구는 미국의 오하이오 대학과 미시건 대학의 연구팀이 주도했다.

리더십 행동 이론의 연구들은 관찰 가능한 리더십 행동을 유형화하고, 이러한 리더십 유형이 리더십 유효성과 어떠한 관계를 갖는가를 규명하는 데 초점을 맞추고 있다. 그리고 상황적 요소를 고려하지 않고 어느 조직에나 유효한 보편적 리더십을 추구하고 있다.

초기의 학자들은 훌륭한 리더십의 대표적 행동을 과업지향적 행동과 관계지향적 행동이라는 두 개의 축으로 나누어서 관찰하였다. 과업지향적 행동은 집단구성원의 과업목표달성을 도와주는 리더십 행동이며, 관계지향적 행동은 구성원 간의 호의적인 인간관계를 가지고 잘 지내도록 도와주며 일터에서 만족을 느끼도록 도와주는 리더십 행동이다. 리더십 행동 이론의 주요 목적은 리더가 어떻게 하면 이 두 가지 유형의 행동을 조합하여 하위자의 과업목표달성을 위한 노력에 영향을 미치는가를 설명하는 데 있다.[28]

리더십 행위를 인간 중심과 과업 중심이라는 두 차원으로 나누어 연구한 오하이오 대학과 미시건 대학, 그리고 로버트 블레이크(Robert Blake)와 제임스 무톤(James Mouton) 연구팀의 연구는 모두 1940년대에서 1960년대까지 비교적 사회가 안정적인 시기에 개발된 것들로서 오늘날의 역동적인 현실을 그대로 반영했다고 보기 어렵다. 1990년대에 들어오면서 핀란드와 스웨덴의 연구자들은 리더십 행동이 단지 두 차원만 있는 것인지 재검토했다. 그들은 오하이오 연구팀의 과거자료에서 과업처리의 새로운 방식 추구, 새로운 시도를 하도록 부하를 격려하는 요소 등을 찾아냈으나, 이것은 당시에는 효율적이지 않은 리더 행동이었음을 발견했다. 그러나 이러한 리더십 행동이 변화를 추구하는 오늘날의 기업세계에서는 효율적이며 인간 차원도, 과업 차원도 아닌 독립된 제3의 차원임을 밝혀냈다.[29] 따라서 변화하는 사회의 훌륭한 리더 행동이란 항상 새로움을 찾으며 변화를 추구하고 새로운 시도를 자극하는 일이다.

새로운 유형의 리더는 부하들의 만족도를 높이며 부하들로부터 유능한 리더로 인정받는다는 사실이 밝혀짐으로써 이제 리더십 행동연구는 과업 및 관계 지향의 거래적 리더십 행동을 넘어서는 변혁적 리더십의 개념을 제시하게 되었다. 즉, 일상적 업무를 초월하여 중장기적 관점에서의 비전이나 목표에 관심을 가지고 구성원의 자긍심을 유발하고 잠재력을 개발하여 활용하는 것에 초점을 맞추게 된 것이다. 이는 경영환경 및 조직의 변화에 따른 것으로, 이외에도 카리스마 리더십, 전략적 리더십, 혁신 리더십, 임파워먼트 리더십 등이 포함될 수 있다. 이와 같은 새롭게 등장한 리더십에 대해서는 신조류 리더십 부분에서 설명할 것이다.

2. 미시건 대학의 리더십 연구

미시건 대학의 리서치연구소(Survey Research Center)에서는 1940년대 말부터 1950년대 초까지 어떤 리더십 유형이 집단의 성과를 높이는가를 밝혀내기 위한 연구를 실시하였다.[30] 대학의 연구팀은 다음의 네 가지 범주의 리더 행태가 효과적인 집단 성과와 관련되어 있다는 것을 밝혀내었다([표 2-7] 참조).

미시건 대학의 연구팀은 성과가 높은 집단의 관리자들이 사용하는 일반적 리더십 스타일을 발견하기 위한 광범위한 연구를 수행하였다. 그들은 다양한 조직(화학, 전자, 식품, 철도, 중기계, 보험, 병원, 석유제품, 은

[표 2-7] 효과적인 집단 성과와 관련된 리더 행태

범주	의미
리더의 지원	리더가 추종자들에게 관심을 나타내는 행태
상호작용의 촉진	리더가 추종자들 간의 갈등을 극소화하기 위하여 나타내는 행태
목표의 강조	리더가 추종자들의 과업달성에 동기를 부여할 때 나타나는 행태
업무의 촉진	역할을 명확하게 만들고 자원을 획득, 배분하며, 조직 갈등을 완화하는 데 관심을 두는 리더의 행태

출처: Tayior, J., & Bowers, D.(1972). *The Survey of Organizations: A Machine-scored standardized questionnaire instrument*. Ann Arbor: Institute for Social Research, University of Michigan.

행, 정부부서 등)에서 다양한 직종, 계층, 숙련자, 비숙련자 등으로부터 얻은 자료를 토대로 리더십 스타일에는 직무 중심적 리더(job-centered or production-centered leader)와 종업원 중심적 리더(employee-centered leader)가 있음을 발견하였다.[31]

직무 중심적 리더는 직무의 기술적 측면과 생산측면을 강조하면서 리더의 공식권한을 많이 활용하고, 치밀하게 감독하는 리더를 말하며, 종업원 중심적 리더는 종업원에 대한 인간적 관심과 그들의 개성을 중시하며, 개개인의 욕구에 특별한 관심을 가지며, 권한을 위임하고 지원적 업무환경을 조성하는 리더이다.

미시건 대학의 리더십 연구에 공헌한 학자들 중에서 가장 대표적인 학자로 랜시스 리커트(Rensis Likert)를 들 수 있다. 그는 〔그림 2-2〕에서 보는 바와 같이 리더십 행동을 설명하는 모델을 제시했는데, 그 모델에서 리커트는 원인변수(casual variable), 매개변수(intervening variable), 결과변수(end-result variable) 등을 구분하여 리더십 행동을 설명하였다.[32]

원인변수에는 관리자의 행동과 기술(skills)뿐만 아니라 관리자가 변화시킬 수 있는 조직구조(예를 들면 보상체계와 규정, 방침) 등이 포함되었다. 매개변수는 조직의 내부 상태와 건전도를 반영하는 것으로서, 모든 조직구성원들의 지각, 충성심, 태도, 동기부여, 성과목표 등의 변수와 상호작용이나 의사소통 및 의사결정을 효과적으로 할 수 있는 조직 전체의 능력 등이 이에 포함된다. 결과변수는 이윤, 생산성, 제품과 서비스의 질, 결근율, 이직률과 같은 집단 또는 조직의 유효성을 나타내는 지표이다.

[그림 2-2] 리커트가 제시한 리더십 모델

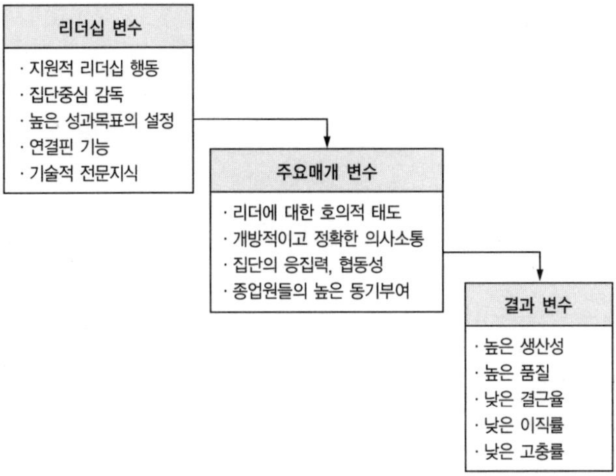

〔그림 2-2〕에서 보면 결과변수는 매개변수에 의해 결정되고, 매개변수는 리더십 행동이 포함된 원인변수에 의해 결정된다는 것을 알 수 있다. 만일 리더가 자신의 행동을 변화시킨다면 일단 매개변수에 영향을 미쳐 변화시킬 것이지만 어느 정도의 긴 시간이 흐르고 나면 그러한 변화가 결과변수에도 영향을 미치게 된다.

3. 오하이오 주립대학의 리더십 연구

1945년에 미국 오하이오 주립대학의 경영연구소는 스토그딜의 연구에 기초하여 효과적인 리더십 행동이 무엇인지 찾아내고자 하였다. 그들은 '리더들이 집단이나 조직을 지도할 때 어떻게 행동하는가'를 측정하기 위해 리더 행동 기술 설문지(LBDQ : Leader Behavior Description Questionnaire)를 개발하여 부하들에게 지각된 리더 행동을 측정하였다.

오하이오 주립대학의 초기 연구의 하나로 존 헴필(John K. Hemphill)은 52조의 폭격기 탑승원을 조사대상으로 하여 그들의 사령관의 리더십 행동을 300여 명의 탑승원들을 통해 기술하게 하였다. 그 결과 1,800가지의 서로 다른 리더십 행동 예가 수집되었다. 그중에서 중요한 리더십 기능을 잘 나타내는 것으로 판단되는 예들만 간추려 다시 9개 행동집단(예: 집단을 내표함, 구성원 통제)에 속하는 150개의 행동항목에서 자기 집단의 리더를 평가하도록 하였다. 이 자료를 요인분석(factor analysis)을 통하여 2개의 요인으로 추출하였다. 그 결과 구조주의(initiating structure)와 배려(consideration)로 대표되는 두 가지 리더십 스타일이 개발되었고 이를 LBDQ로 구성하였다.[33]

구조주의란 리더가 종업원의 업무수행에 기획, 조직, 지시 그리고 통제하기 위해 행동하는 것을 말하며, 배려란 리더와 종업원 간의 관계에 있어서 신뢰, 우정, 지원 그리고 관심을 드러내기 위해 의사전달하는 행동을 의미한다. 간단히 말해서 구조주의는 과업 또는 목표 지향적이고 배려요인은 개인의 욕구와 관계를 인정하는 것이다. 따라서 구조주의형 리더십은 미시건 대학의 직무 중심적 리더십과 유사한 개념이고, 배려형 리더십이란 종업원 중심적 리더십과 유사하다.[34]

이 LBDQ는 초기에 150문항으로 제시되었던 것이 40문항으로 줄어서 사용되고 있으며, LOQ(Leader Opinion Questionnaire), SBDQ(Supervisory Behavior Description Questionnaire) 그리고 LBDQ-XII 등의 수정본들이 존재한다. 이들 설문을 사용한 오랜 기간의 실증 연

구결과에 따르면 리더십 스타일을 구조주의와 배려, 두 가지 차원에만 근거하여 판단하는 데 부분적으로 문제가 있는 것으로 드러났지만 손쉽게 사용할 수 있다는 점 때문에 오늘날까지 그대로 사용되고 있다.[35]

오하이오 대학의 리더십 연구의 특징은 이 두 가지 리더 행동을 단일 차원의 두 점으로 보지 않고 두 개의 독립된 별개의 차원으로 보았다. 즉, 한 차원의 높은 점수가 반드시 다른 차원의 낮은 점수를 의미하는 것은 아니라는 점이다. 따라서 리더가 두 가지 리더 행동을 동시에 보여줄 수 있다는 것이다. 이를 도식화하면 〔그림 2-3〕과 같은 4가지 리더십 유형이 도출된다.

[그림 2-3] 오하이오 주립대학의 리더십 유효성

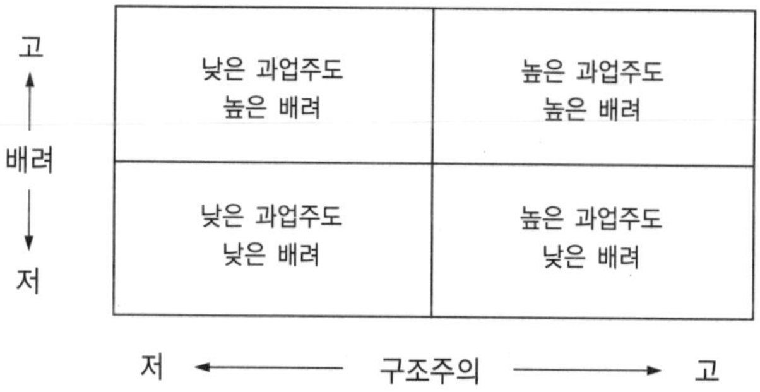

1950년대와 1960년대에 많은 연구자들이 '리더의 행동이 구성원의 만족과 성과에 미치는 정적 영향을 극대화하기 위해 어떻게 이 두 가지 리더십 유형을 조화시킬 것인가'에 관심을 가지고 연구를 진행하였다.

그러나 아직까지 4가지 유형 중 가장 효과적인 리더십 유형에 대한 명확한 답은 없다. 대체로 (고)배려형 리더의 종업원들이 전직과 결근율이 낮았으며, (고)구조주의형 리더는 종업원의 성과를 증진시키는 것으로 나타났으나 지속적으로 지지할 만한 일관된 연구결과를 도출하지 못하고 있다. 다만 이상적인 리더십 유형으로 '(고)배려-(고)구조주의형'을 제안하고 있을 뿐이다.

그간의 구조주의/배려의 연구 성과를 분석한 스토그딜(1974)의 연구결과가 이를 뒷받침하고 있는데, 그에 따르면 54가지 정적 관계를 지적하면서 배려와 구조주의는 생산성과 만족에 상호영향을 미치고, 가장 효과적인 리더는 이 두 가지 척도에서 높은 점수를 받는 경향이 있다고 하였다.[36]

효과적인 리더들은 종업원들이 하는 일과 같은 종류의 일에는 시간과 노력을 쏟지 않았으며, 그 대신 작업계획 및 일정의 수립, 종업원들의 활동내용 조정, 필요장비, 물품의 제공, 기술지원 등의 일에 시간과 노력을 투입한다는 사실을 밝혔다. 그렇지만 효과적인 리더들은 이러한 생산지향적 행동을 하면서도 결코 하위자들에 대한 배려를 게을리 하지 않았다. 즉 효과적인 리더들은 종업원들에게 보다 많은 배려를 해주며, 지원적인 행동을 해준다는 것을 밝혔다. 또한 효과적인 리더들은 종업원들에게 업무목표와 지침만을 설정해주고, 종업원들이 자율적으로 작업방법이나 업무의 진척을 조절할 수 있도록 허용해준다는 것도 밝혔다.[37]

4. 블레이크와 무톤의 리더십 연구

관리격자(managerial grid)라고 불리는 블레이크와 무톤(Blake & Mouton, 1964)의 리더십 모형은 오하이오 대학의 연구모델을 기초로 하여 리더의 행동유형을 더욱 구체화하고 효과적인 리더십 행동을 배양하기 위해 개발한 이론이다. 이 이론은 1964년 처음 개발된 이후 여러 차례에 걸쳐 다듬어지고 개정되었다. 관리격자 모형은 후에 리더십 그리드로 명칭이 바뀌었으며, 〔그림 2-4〕와 같이 수평축에 생산에 대한 관심(concern for production)과 수직축에 인간에 대한 관심(concern for people)의 두 영역으로 나누고 이를 격자로 계량화하여 리더의 행동유형을 크게 5가지로 분류하고 있다.[38]

[그림 2-4] 관리격자[39]

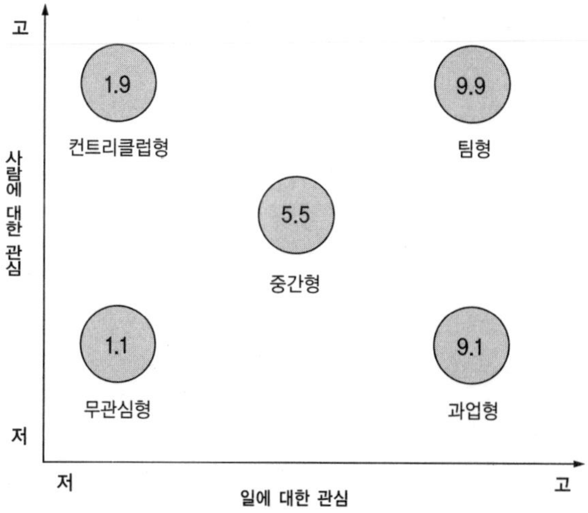

인간에 대한 관심은 리더가 목표달성을 위해 노력하고 있는 종업원에게 얼마나 마음을 쓰고 배려하는가를 가리키며, 여기에는 조직을 위한 헌신과 신뢰의 구축, 종업원들의 개인적 가치의 실현, 좋은 작업환경의 제공, 공정한 임금구조의 유지, 좋은 사회적 관계의 촉진 등과 같은 행동을 포함한다. 업적에 대한 관심은 리더가 조직의 과업목표달성을 위해 어떻게 노력하는가를 가리키며, 여기에는 정책결정, 신제품개발, 생산과정상의 문제해결, 작업분담, 판매량 등과 관련된 행동을 포함한다.

• **무관심형(1.1)**은 업적과 인간의 양면에 최저의 관심도를 나타내는 리더형으로 리더는 업무에 대한 지시만 하고 방치하며, 어려운 문제가 발생하면 피해버린다.

• **컨트리클럽형(1.9)**은 업적보다 인간만을 중시하는 리더형으로 부하의 욕구나 동기를 충족시키면 그들이 스스로 알아서 일을 수행할 것이라는 전제에서 행해지는 리더십 유형이다.

• **과업형(9.1)**은 업적에 대한 관심만 보이는 리더형으로 이 경우 상사는 혼자서 의사결정을 하며, 관리의 초점도 생산성 제고에만 맞추므로 부하는 하나의 수단으로 취급한다.

• **중간형(5.5)**은 업적과 인간에 대해 중간정도의 관심으로 보이는 리더형으로 부하들의 요구에 의해 합리적으로 목표를 설정하고, 원만한 방법으로 업무를 수행시킨다. 이러한 리더는 절충에 신경을 쓰는데, 이것은 리더가 자신의 특성이나 주관을 뚜렷하게 부각시키지 못하여 부하들에게 우유부단한 리더십으로 비쳐질 수 있다.

• **팀형(9.9)**은 업적과 인간의 양면에 높은 관심을 보이는 형으로 리더는 조직의 공동목표 및 상호의존 관계를 강조하고, 상호신뢰적이며 존경에 바탕을 둔 관계와 구성원의 몰입을 통해 과업목표를 달성하는 형이다.

블레이크와 무톤은 일에 대한 관심과 사람에 대한 관심이 동시에 높은 관리자가 바람직하다고 주장한다. 즉 관리격자 모형을 통한 궁극적으로 가장 이상적인 리더형으로 팀형(9.9)을 지향한다. 그들은 동시에 이러한 두 가지 차원 사이의 상호작용이 긍정적인 결과를 가져올 것으로 주장한다. 그러나 이러한 유형이 항상 효과적인지에 대해 많은 의문을 제기한다. 예를 들어 조직이 심각한 위기에 처해질 경우 리더는 민주적이기보다 독재적으로 행동하는 것이 효과적일 수 있기 때문이다.

이러한 의문을 해소하고자 블레이크와 앤 맥캔지(Black & McCanse, 1991)는 관리격자 모형을 수정하여 다음의 〔그림 2-5〕과 〔그림 2-6〕과 같이 두 가지 형태의 수정모형을 제시하고 있다.

첫째, 온정적 간섭주의 리더(Paternalism)로 컨트리클럽형과 과업형 양쪽 모두를 결합한 리더형으로 이는 9+9로 표시되며, 관리격자 모형의 팀형과 비교해볼 때 부하의 충성심과 복종에 대해서는 과감한 보상을, 부하의 불복종에 대해서는 과감한 처벌을 가한다. 이 같은 리더는 행동은 우아하게 하지만 목표달성을 위해서는 그렇게 행동하지 않는다. 온정주의 리더는 사람들을 마치 과업과 분리되어 있는 것처럼 다룬다.

[그림 2-5] 온정적 간섭주의 리더

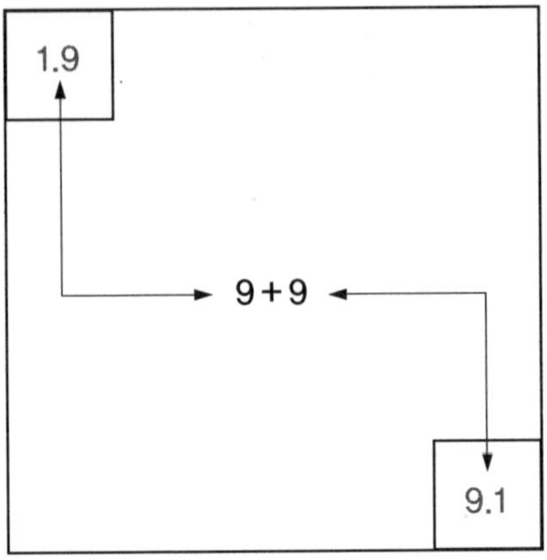

[그림 2-6] 임기응변적 리더

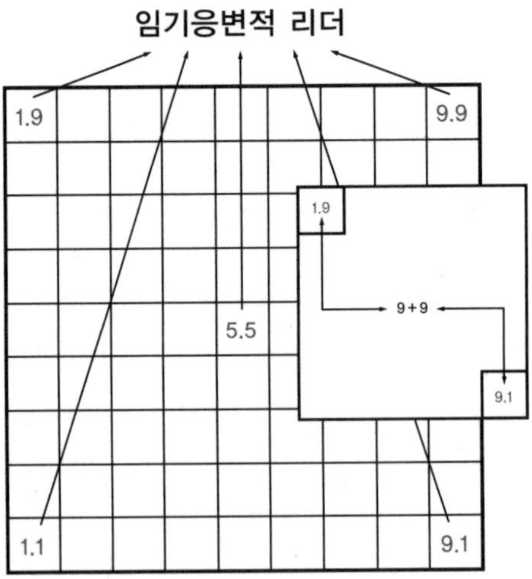

출처: The Leadership Grid Figure, Paternalism Figure, and Opportunism from Leadership Dilemmas-Grid Solutions, by Robert R. Blake and Anne Adames McCanse(Formerly the Managerial Grid by Robert R. Blake and Jane S. Mouton), Houston: Guif Publishing Comany (p. 30).

둘째, 임기응변적 리더(opportunism)는 관리격자 모형의 5가지 유형을 조합하여 리더십을 발휘하는 리더를 말한다. 즉 리더 행동은 고정적인 것이 아니라 리더는 상황에 따라 적절한 유형을 선택하고, 실제 직무상황에 가장 효과적인 행동을 취한다. 이때 리더십 유형의 선택기준은 조직의 이익보다 리더의 이익을 최대화하는 것이다.

요약하면, 관리격자 모형은 실무적 리더십 모델의 한 표본이며, 실제로 블레이크와 모턴은 리더십 격자(leadership grid) 훈련을 거친 조직에서 보다 협동적인 작업관계를 가질 수 있게끔 종업원의 행위가 변화하고 생산성도 증가한다고 주장하고 있다.

5. PM 이론

'리더십'은 구성원들을 하나로 모아 일정한 방향으로 이끌어가는 리더의 '지도력'과 '영향력'을 의미하기 때문에, 그룹과는 떼려야 뗄 수 없는 인연을 맺고 있다. 그룹에 주목하여 리더십 연구를 진행한 인물로 미스미 쥬지(三隅二不二)가 있다.[40]

오하이오 주립대학의 행동연구의 구조주의와 배려는 일본으로 전해지면서 일본학자들에 의해서 나름대로 각색되었다. 미스미 쥬지는 집단에 두 가지의 기능이 있다고 주장했다. 하나는 집단의 '목표달성 기능'이고 다른 하나는 집단의 '유지 기능'이다. 집단의 '목표달성 기능'은 'Performance(성과, 달성)'의 머리글자인 P를 따라서 'P기능'이라 한다. 집단의 '유지 기능'은 'Maintenance(유지)'의 머리글자인 M

을 따서 'M기능'이라고 했다. 간단히 말해 'P기능'은 그룹의 목표달성을 위해 리더가 업무상 지시·지도를 하는 일, 'M기능'은 리더가 직장 내 원활한 인간관계를 위해 배려하는 일을 의미한다.[41] 그는 장장 35년 동안 리더십 연구에 매달린 결과 자신이 주장했던 PM형 리더가 집단의 사기(morale)와 성과 측면에서 가장 우수하다는 결론을 얻었다.[42]

미스미 쥬지의 주장에 따르면, 성과지향(P)은 효과적 리더십에 필수적이지만 같은 강도의 유지(관계)지향 성향(M)이 동반되지 않으면 리더의 성과지향적 행위를 집단구성원들이 압력 또는 통제로 해석하게 된다는 것이다. 반면에, 성과에 대한 강조와 함께 유지노력이 주어지면(즉, PM형) 추종자들은 리더의 성과지향적 행동을 지시나 압력으로 해석하기보다는 계획수립을 도와주고 뭔가 전수해주기 위한 행동으로 평가한다는 것이다.[43]

강약의 차이에 따라 두 가지의 기능을 조합시키면 〔그림 2-7〕와 같

[그림 2-7] P기능과 M기능에 따른 리더십 스타일

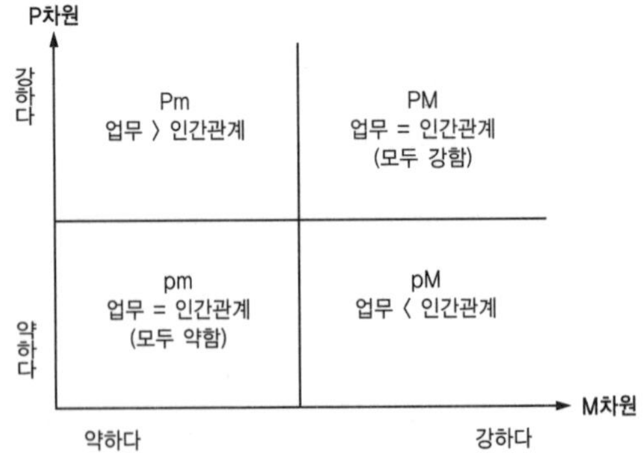

이 네 가지의 리더십 스타일이 나온다. 대문자는 그 기능이 강한 것, 소문자는 약한 것을 의미한다.

• **pM형:** P기능이 약하고, M기능이 강한 리더십이다. 이 유형의 리더는 엄격한 지도로 인간관계를 해치기보다 화기애애하게 업무환경을 유지하는 것이 더 바람직하다고 생각한다.

• **PM형:** P기능과 M기능 양쪽 모두 강한 리더십이다. 리더는 실적을 올리기 위해 열심히 지도함과 동시에 배려하는 마음으로 부하 직원을 대한다.

• **pm형:** P기능, M기능이 모두 약한 리더십이다. 이 스타일은 부하를 엄격하게 지도하지 않을 뿐만 아니라, 인간관계도 무관심한 허울뿐인 리더라 할 수 있다.

• **Pm형:** P기능이 강하고 M기능이 약한 리더십이다. '불평불만하지 말고 시키는 대로 하라'는 타입으로 머릿속에는 언제나 일 생각뿐이다. 부하에 대한 배려를 거의 찾아볼 수 없는 리더다.

미스미 쥬지는 '생산성과 부하의 만족도'와 '네 가지 리더십 스타일의 효과'의 관계를 조사하는 실험을 실시했다. 그 결과 '생산성과 부하의 만족도'가 가장 높은 것은 PM형 리더십이었다. 그런 이유로 미스미 쥬지는 PM형이 가장 바람직한 리더십 스타일이라고 결론지었다.

PM 이론에 대한 연구결과를 유사한(예 : 高구조주의, 高배려) 미국의 연구 결과들과 비교해보면, 전자(日本)의 경우가 후자의 경우보다 훨씬 강력한 결과를 낳았음을 발견하게 된다. 그 이유는 아마도 일본의 경우가 문화적으로 보다 동질적이라는 이유 때문일 수도 있고 일본 연구가 한 사람에 의해서 일관성 있게 주도되었기 때문일 수도 있을 것이다. PM 리더십 연구에서 얻은 결과를 블레이크와 모턴의 관리격자 입장에서 분석해본 결과 PM 리더에 해당하는 리더는 실제로 격자에서 9.9형이 아니라 7.7형 정도에 해당하는 것으로 나타났다.[44] 이것이 일본과 미국 연구결과의 차이를 설명해주는 또 하나의 원인일 수 있을 것이다.[45]

6. 행동 이론의 장점 및 문제점

이상의 리더십 행동 이론의 연구결과들은 어떠한 측면에서는 리더십 발전에 기여한 반면 다른 측면에서는 비판을 받고 있다. 먼저 리더십 행동 이론의 기여도를 보면 다음과 같다.

첫째, 리더십 행동 이론은 추상적인 리더의 특성에 얽매이지 않고 리더십 연구의 범위를 관찰 가능한 행동으로 넓혀 여러 다양한 상황에서 리더의 행동을 연구하는 방향으로 확대시켰다. 둘째, 리더십 특성 이론과는 달리 리더는 훈련되어진다는 전제에서 리더십 훈련에 대한 실무적 지침을 제공해주고 있다. 과업지향 행동 및 관계지향 행동과 관련된 광범위한 측정의 틀을 제공하여 그 같은 행동의 구성요소를 설명해줌으로써 리더십 훈련에 필요한 툴(tool)을 제공해주고 있다. 셋째, 리더십의 복잡성을 이해하는 데 필요한 광범위한 개념적 지침을 제공해주고 있다. 즉 자신의 행동을 과업지향과 관계지향 차원에서 살펴봄으로써 리더는 자신의 유형을 어떻게 개선하고 변화시켜야 하는가에 대한 지침을 제공해주고 있다.

이러한 기여에도 불구하고 리더십 행동 이론은 몇 가지 측면에서 약점을 보이고 있다.

첫째, 리더십 행동 이론은 리더십 유효성에 일관되게 관련되는 보편적인 리더 행동을 찾아내고자 하는 것이다. 그러나 연구자들이 내걸었던 이러한 목표는 앞에서도 확인된 바와 같이 연구결과의 비일관성으로 인해 그 목적을 달성할 수 없었다. 즉 어느 상황에서나 효과적으로 적용될 수 있는 리더십을 찾아낼 수가 없었다. 이는 보편론의 취약성을 드러내고 그 결과 1960년대 후반 이후, 리더십 상황론의 시대가 열리는 계기를 마련하였다.

둘째, 리더의 행동과 하위자의 행동을 분리하여 기술하고 있다. 리더십은 리더와 하위자 간의 상호작용을 통해서 발휘된다고 하면, 리더의 행동을 부하의 행동과 분리하여 기술될 때는 아마도 별로 의미가 없을 것이다. 리더의 행동은 부하의 행동의 결과로서, 혹은 부하의 행동을 조건으로 행동할지 모르기 때문이다. 행동 이론은 리더와 부하의 상호작용 과정, 상호영향 과정을 분석하지 않았다. 그렇기 때문에 행동 이론은 업적이 나쁜 부하나 집단을 리더가 어떤 식으로 유능하게 하는지 리더의 영향 과정을 밝히지 않았다.

셋째, 리더십 행동 이론은 리더의 행동과 하위자의 성과와 만족 간의 직접적 관계에 치우친 경향이 있다. 즉 리더 행동이 하위자의 어떤 요인을 매개로 성과와 만족에 영향을 미치는지를 밝히지 못하였다. 이는 리더의 행동이 성과로 이어지는 과정을 밝히지 못하는 우를 범하게 된다. 즉 리더가 하위자의 역량을 개발시킨다든가, 기술을 변화시킨다든가, 열정과 흥분 등을 유도하여 장기간에 걸쳐 성과에 미치는 영향에 대해서는 충분히 연구하지 못하였다.

7. 리더십 유형 연구

1930년대 말에 아이오와 대학의 쿠르트 레빈(Kurt Lewin)의 지도 아래 로널드 리피트(Ronald Lippitt)와 라프 화이트(Ralph K. White)가 행했던 리더십의 연구(Lewin, 1939)가 행동주의적 리더십의 시작이 되었다. 초기 연구에서는 지능과 사회배경이 같은 10세의 소년들을 대상으로 취미집단을 구성하도록 하여 리더십 스타일의 변화에 따라 소년들이 어떠한 행동을 보이는가를 실험 연구하였다. 이 실험에서 사용된 리더십 스타일은 권위형(authoritarian style), 민주형(democratic style), 방임형(laissez-faire style)이었다.

권위형 리더십이란 명령적이고 참여를 허용하지 않으며, 칭찬이나 비판을 개인적으로 행하되 친절하고, 노골적으로 냉정한 것은 아니고 중립적인 태도를 취하는 형이며, 민주형 리더십은 집단의 토의나 결정을 권장하고, 칭찬이나 비판시에는 객관적 입장을 취하고 정신적으로 그 집단의 일원이라는 점을 강조하는 형이다. 방임형은 집단에게 완전한 자유를 주고 사실상 리더십의 행사가 없는 형이다.

실험에서 소년들에게 비슷한 물건(가면, 모형비행기, 장식, 비누로 만든 조각품 등)을 만들도록 하였다. 또한 리더는 한 집단에서 다른 집단으로 6주마다 옮겨가며 매번 대상 집단을 바꿀 때마다 각기 다른 리더십 스타일을 택하도록 하였다. 아이오와 대학의 연구팀은 이 실험을 통해 특정 리더십 스타일이 집단구성원의 만족과 좌절감, 도전감 등의 변수에 어떻게 영향을 주는가를 관찰하였다.

연구결과 20명 중 19명의 소년이 '민주형' 리더를 선호하였다. 그 이유로 소년들은 "'권위형' 리더들은 자신들이 원해서 하려는 것을 못하게 했고, 자신들은 그저 일만 빨리 해내야 했다"고 불평하였다. 반면 '민주형' 리더들은 "윗사람 행세를 하지 않았고 그러면서도 항상 할 일이 많았다"고 말했다. 결과적으로 아이오와 대학의 연구는 민주적 리더십과 구성원의 만족 간의 긍정적 관계를 밝혀내었다. 한편 방임형 리더는 리더에 대한 도전적 행동만을 유발시켰다.

그러나 이 리더십 연구는 리더십의 유형과 생산성과의 상관관계를 설명하지는 못했다. 하나의 초기적인 실험이었으며 성인들의 조직생활에 적용하기 어렵기 때문에 일반적인 결론을 내기에는 부족하나, 리더십 연구 측면에서는 역사적인 의의를 갖는다. 이 연구의 가치는

[그림 2-8] 리더십 행동의 연속선

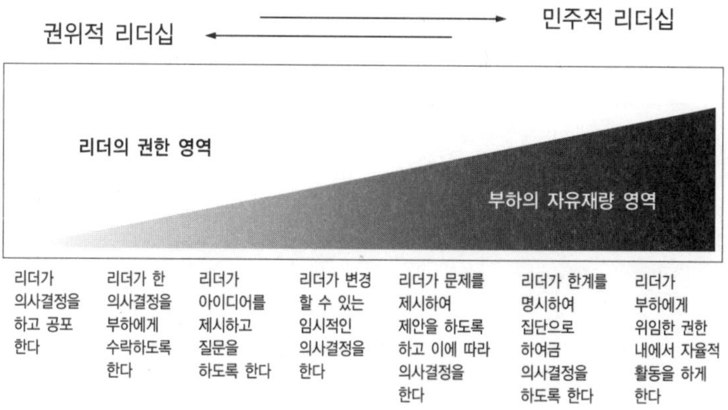

처음으로 리더십의 연구를 과학적 연구 방법론의 관점으로 분석했고, 상이한 리더십 유형이 같은 집단으로부터 다른 반응, 혹은 더 복잡한 반응을 나타낼 수 있다는 사실을 발견했다는 데 있다.

R. 탄넨바움(R. Tannenbaum)과 W. H. 슈미트(W. H. Schmidt)는 리더십 유형을 권위적 리더와 민주적 리더로 양분하여 〔그림 2-8〕과 같은 광범위한 리더 유형을 설명하고 있다.[46] 이들은 의사결정 과정에서 부하의 참여수준에 따라 권위적 지도자와 민주적 지도자를 하나의 연속선 위에서 파악하고 그 가운데 지도지의 다양한 행위 유형을 나타내고 있다.

이 외에도 여러 연구들이 있으나 기업을 중심으로 민주적, 권위적, 자유방임적 리더십 유형의 유효성에 관한 연구결과를 요약하면 다음의 〔표 2-8〕와 같이 정리할 수 있다.

[표 2-8] 리더십 유형과 유효성

유형 / 유효성변수	민주적 리더십	권위적 리더십	자유방임적 리더십
1. 리더와 집단과의 관계	호의적이다.	수동적이다. 주의환기를 필요.	리더가 무관심하다.
2. 집단 행위의 특성	응집력이 크다. 안정적이다.	노동이동이 많다. 냉담, 공격적이 된다.	냉담하거나 초조하다.
3. 리더 부재시 구성원의 태도	계속 작업을 유지한다.	좌절감을 갖는다.	불변(불만족)이다.
4. 성과(생산성)	우위를 결정하기 힘들다.	우위를 결정하기 힘들다.	최악이다.

출처: 조성종, 『서비스와 인간행동론』, 두남, p. 63.

일반적으로 민주적 리더십이 리더와 집단 구성원의 관계, 집단 행위의 특성, 리더 부재시의 구성원 태도 면에서 권위적 리더십보다 호의적으로 나타나기 때문에, 생산성 효과가 동일하다고 볼 때 민주적 리더십이 가장 효과적이라는 것을 알 수 있다. 그러나 민주적, 권위적인 리더가 순수하고 획일적인 상태로 존재하는 경우가 거의 없고 두 유형이 하나의 선 위에서 절충형의 양상을 띠기 때문에 이 세 가지 유형을 그대로 기업조직에 적용하는 것은 적합하지 않을 것으로 판단된다.

리더십 행동 및 유형연구 사례[47]

일하면서 점심 먹기

수전 파크(Susan Parks)는 운동화 및 액세서리를 판매하고 있는 운동용품상점인 마라톤 스포츠사의 동업자 겸 관리자이다. 약 10명을 고용하고 있으며 그들은 모두 대학 재학생들로 주중에는 시간제로 근무하고 주말에는 전일제 근무를 하고 있다. 마라톤 스포츠사는 인구 12만 5천명의 대학촌에서 동종제품을 취급하는 유일한 상점이다. 이 상점의 판매고는 과거 7년 동안에 걸쳐 매년 15퍼센트의 성장을 보이고 있다.

파크 여사는 이 상점에 대한 관심이 아주 높고 현재의 상점 이미지(좋은 평판)와 성장률을 지속적으로 유지하기 위해 열심히 일하고 있다. 그래서 그녀는 주당 50시간을 상점에서 일하며 여러 가지 역할을 수행하고 있다. 구매자, 근무일정 작성자, 훈련자, 계획 및 판매업무 등을 모두 담당하고 있다. 그녀는 아무것도 하지 않고 있는 경우가 한순간도 없다. 소문에 따르면 그녀는 서 있는 채로 일하면서 점심을 먹는다는 것이다.

파크 여사에 대한 종업원들의 반응은 강하고 꽤 다양하다. 어떤 종업원들은 그녀의 리더십 유형을 좋아하지만 다른 종업원들은 싫어한다. 그녀의 리더십 유형을 좋아하는 사람들은 그녀가 재임하는 동안 상점이 정말 잘 구조화되었고 아주 능률적으로 되었다고 말한다. 그녀는 종업원 각자의 과업과 과업목표를 명확하게 설정해주고 있다. 그리고 그녀는 모든 종업원들의 업무가 바쁘게 돌아가도록 만들고 있다. 그들이 밤에 퇴근할 때는 무엇인가 성취하고 간다는 느낌을 갖곤 한다. 그래서 그들은 그녀를 위해 일하는 것을 좋아한다. 그녀는 그녀가 하고 있는 일을 잘 알고 있기 때문이다. 그러나 그녀의 리더십 유형을 싫어하는 사람들은 그녀가 너무 몰아붙인다고 불평한다.

그녀가 상점에서 일하는 유일한 목적은 오로지 직무수행과 직무완수에 있는 것 같다고 말한다. 쉬는 시간이 없고 직원들과 함께 잠깐씩 한담하는 일도 없다는 것이다. 이 사람들은 수전은 가깝게 하기가 어렵고, 그 결과 마라톤 스포츠는 즐거운 일터가 아니라고 말한다.

수전은 지금 종업원들이 그녀의 리더십 유형에 대하여 찬·반 양쪽의 반응이 있다는 것을 느끼기 시작하고 있다. 이것이 그녀를 언짢게 하고 있으나 그것을 해결하기 위해 무엇을 해야 할지 모르고 있다. 그리고 그녀는 그녀의 상점일 이외에도 좋은 아내, 세 자녀의 좋은 어머니가 되기 위해 열심히 노력하고 있다.

■ **질문**

1. 유형연구에 근거하여 수전 파크의 리더십 유형을 어떻게 설명하겠는가?
2. 무엇이 하위자들의 그 같은 반응을 낳게 하였는가?
3. 수전은 그녀의 리더십 유형을 바꿔야 한다고 생각하는가?
4. 만약 수전이 그녀의 리더십 유형을 바꾼다면 더 효과적일 수 있다고 생각하는가?

3 상황 이론

학습목표

- 리더십 이론의 발전 과정에 대해서 이해한다.
- 리더십 이론들의 조직생활에의 적용을 검토해본다.
- 현대 사회에 이르기까지 효율적 리더의 상(像)을 검토해본다.

1960년대까지 이루어진 대다수의 리더십 특성 이론과 행동 이론들은 보편타당한 리더의 특성과 행동을 파악하려 하였으나 보편타당한 이론을 찾아내지 못했다. 여러 연구를 통해 나타난 결과는 리더의 보편타당한 특성이나 행동이 존재하기보다는, 특성과 행동이 리더십 유효성에 미치는 영향은 여러 상황적 요인에 따라 달라진다는 것이었다.[1] 이미 1960년대 초에 더글러스 맥그리거(Douglas McGregor)가 리더십이란 관계이기 때문에 모든 상황에서 적합한 리더십이란 있을 수 없다고 지적[2]한 바 있듯이, 보편타당한 이론을 찾으려 한 것 자체가 잘못된 출발이었을 수도 있다.

보편타당한 리더십 특성과 이론을 규명하려는 연구가 실효성을 잃어감에 따라 1960년대 후반부터는 '리더십 유효성은 상황에 따라 달라진다'는 전제하에 리더십을 연구하는 사람들의 관심의 초점이 상황으로 옮겨지게 되었다. 따라서 리더십 상황 이론은 리더십 특성이나 행동과 관련하여 상황요인을 추가하여 이들간의 적합성에 초점을 맞춘 것이다[3]([그림 3-1] 참고).

[그림 3-1] 리더십 상황 이론

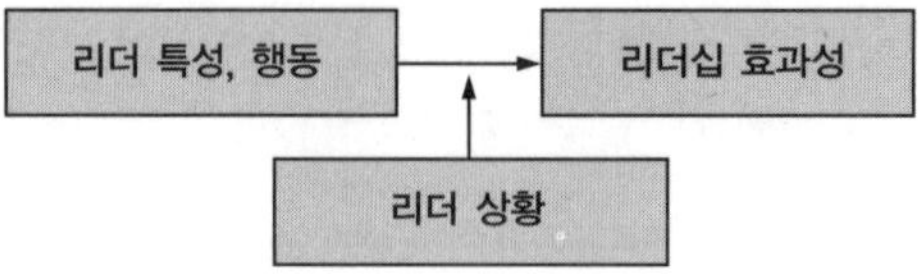

리더십 상황 이론은 조직 내 리더의 효과는 특별한 상황에 동적(dynamic)이고, 유연(flexible)하게 대응하고자 노력함으로써 달성할 수 있다는 것이다.[4] 즉 리더십 상황 이론은 리더란 상황의 산물이며, 특정 상황에서 요구되는 특정한 리더가 존재하므로 리더가 여기에 부응하면 효과적인 리더십 발휘가 가능하다는 원리를 기본으로 하고 있다.

3-1 피들러의 상황적합성 이론

1. 이론 전개

F. F. 피들러(F. F. Fiedler)의 상황적합성 모델(Contingency Model)은 상황을 고려한 최초의 리더십 이론으로 알려져 있다. 1951년부터 대규모의 다양한 집단의 리더를 대상으로 연구를 시작하여, 1953년

[그림 3-2] 피들러의 리더십 상황적합 모형

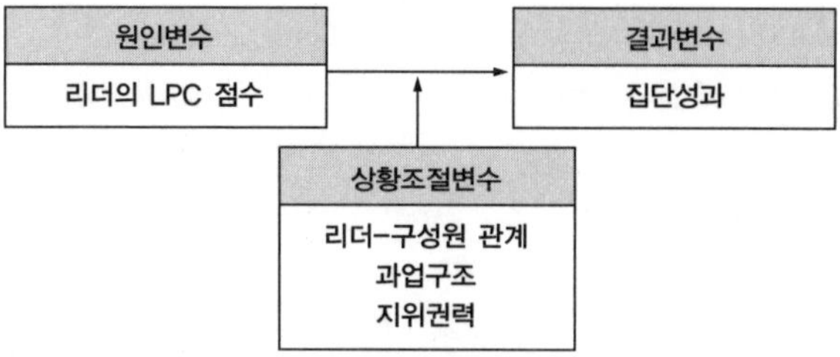

LPC(least preferred coworker) 척도를 개발하여 리더의 유형을 분류하려고 시도하였다. 그 후 10여 년간 피들러와 그의 동료 연구자들은 다양한 조직과 집단을 대상으로 많은 실증적 연구를 통해 〔그림 3-2〕와 같은 상황적합 모형의 개념적 틀을 확립하게 되었다.[5]

피들러는 특성 이론에 근거하여 리더십 스타일은 변화시키기 어렵기 때문에 조직은 일정한 리더십 스타일에 부합되는 상황에 리더를 배치해야 한다고 주장하였다. 즉 그의 모형은 리더의 LPC 점수와 리더십 유효성의 상관성은 복잡한 여러 가지의 상황적 변수에 따라 결정된다고 하였다.

1) LPC 점수

피들러는 리더의 행동 특성을 측정하는 척도로 LPC를 사용하였다. LPC 척도는 과거 또는 현재의 '가장 함께 일하기 싫은 동료'를 생각하면서 그 사람을 평가토록 하는 것으로, LPC 점수는 8점 척도의 18개의 문항으로 구성되어 있는데, 각 항목별로 얻은 점수를 합산한 것이 리더의 LPC 점수이다. 점수가 낮을수록 '같이 일하기 가장 싫은 동료 작업자'에 대해 부정적이고 비판적인 평가를 하는 리더이고, 점수가 높을수록 그(녀)에 대해 긍정적인 평가를 하는 것이다. LPC 점수는 18점에서 144점까지 분포할 수 있다.

합산된 LPC 점수에 따라 리더의 특성을 과업지향적(task-oriented style) 리더십과 관계지향적(relationship-oriented style) 리더십으로 분류한다. 과업지향적 리더십은 목표달성에 관심을 두는 것이고, 관계지향적 리더십은 과업의 성과뿐만 아니라 집단 내의 인간관계에 중요한 관심을 두는 것이다.

LPC 점수는 피들러의 초기 연구에서는 리더의 성격 특성을 측정하는 도구로 활용되었지만, 이후 여러 차례 바뀌면서 최근에는 리더의 사회적 욕구 충족과 관련된 동기 구조를 나타내는 것으로 해석되고 있다.

일반적으로 높은 점수(64점 이상)를 기록한 리더는 부하들을 포함한 다른 사람과 긴밀한 인간관계를 맺고 유지하는 데 만족을 얻는다. 이를 '관계지향적 리더'라 명하는데, 이들은 부하들과 잘 어울리는 것을 중요시하고, 필요하다면 부하들에 대해 배려 있는 행동을 하며 지원적인 태도를 취한다. 이들은 부하 및 동료들과 긴밀한 인간관계를 맺은 다음 과업목표 달성에 관심을 갖는다.

LPC 점수가 낮은 사람(57점 이하)은 과업목표달성을 우선시하는 사람으로 주로 과업을 완수하는 데 만족을 얻는다. 이를 '과업지향적 리더'라 칭하는데, 이들은 양호한 직무 수행에 1차적인 관심을 가지고, 부하를 다룰 때에도 과업지향적 행동을 강조한다. 그리고 부하들과 좋은 관계를 맺는다는 2차적 목적은 집단이 과업을 잘 수행할 때나 중대한 과업 문제가 없을 때에만 추구한다.[6]

2) 상황변수

피들러는 리더의 LPC 점수와 집단성과 간에는 세 가지 요소로 구성된 상황변수에 의해 조절된다고 보았다. 그는 리더가 통제력과 영향력을 행사하는 리더십 상황의 주요 구성요소로 ① 리더-구성원 관계, ② 과업 구조, ③ 리더의 직위권력을 들고 있다. 이들에 대한 정의는 〔표 3-1〕에 요약하였다.[7]

[표 3-1] 피들러 이론의 상황변수들

변수명	정의
리더-구성원 관계	집단의 구성원들이 리더를 신뢰하고 좋아하며 그(녀)의 말(guidance)을 기꺼이 따르려는 정도를 뜻하며, 가장 중요한 상황변수이다.
과업 구조	두번째로 중요한 상황변수로서 다음과 같은 내용을 포함한다. ① 목표 명료성: 과업의 요구조건들(requirements)이 얼마나 명백히 정해져 있는가 하는 것 ② 목표-경로의 다양성: 어떤 과업을 수행하는 데 사용될 수 있는 과업 수행 방법의 수 ③ 검증 가능성: 과업을 수행하고 나서 그 결과를 알 수 있는 정도 ④ 구체성: 과업에 대한 최적의 해답이나 결과가 존재하는 정도
직위권력	리더가 갖고 있는 직위에 집단 구성원들을 지도하고 평가하고 상과 벌을 줄 수 있는 권한이 주어진 정도

피들러에 따르면 상황의 호의성은 세 가지 상황변수들이 조합되어 결정된다. 그는 이들 세 가지 상황변수들을 이등분하고 세 개 상황변수의 중요도에 따라 가중치를 부여한 후, 상황을 조합하여 여덟 개 상

황으로 나누고 이들 여덟 개 각각의 상황이 리더에게 얼마나 호의적인가를 '상황의 호의성(favora-bleness of the situation)'이라고 명명하였다. 이때 상황의 호의성 정도에 영향을 주는 세가지 상황변수의 중요도는 리더-구성원 관계, 과업구조, 리더의 직위권력순이며, 그 가중치는 4 : 2 : 1로 가정된다. 리더와 구성원 간의 관계가 양호하고 과업의 구조화 정도가 매우 높으며 리더가 실질적인 직위권력을 갖고 있을 때 리더에게 가장 유리한 상황이 되며, 리더와 구성원의 관계가 불량하고 과업의 구조화 정도가 매우 낮으며 리더가 직위권력을 갖고 있지 못할 때 리더에게 가장 불리한 상황이 된다([그림 3-3] 참고).

[그림 3-3] 피들러의 리더십 모델[8]

유리 ⬅ 상황의 유리함 ➡ 불리

리더-구성원 관계	좋음				나쁨			
과업 구조	구조화		비구조화		구조화		비구조화	
직위권력	강함	약함	강함	약함	강함	약함	강함	약함
상황	I	II	III	IV	V	VI	VII	VIII
효과적인 리더	낮은 LPC 점수				높은 LPC 점수			낮은 LPC 점수

3) 상황에 따른 리더십 유효성[9]

피들러의 상황적합 이론에 따르면 상황이 리더에게 매우 유리하거나 불리할 때는 LPC 점수가 낮은 리더가 LPC 점수가 높은 리더보다 더 효과적이며, 상황이 리더에게 유리한 정도가 중간일 때에는 LPC 점수가 높은 리더가 LPC 점수가 낮은 리더보다 더 효과적이라고 한다.

LPC 점수가 높은 리더는 1차적인 관심을 사람에 두고 일에는 2차적인 관심을 두기 때문에 관계지향적 리더십 스타일을 구사한다. 반면 LPC 점수가 낮은 리더는 일에 1차적 관심을 두고 사람에게는 2차적 관심을 두기 때문에 과업지향적 리더십 스타일을 구사한다. 따라서 상황이 리더에게 유리하거나(I, II, III), 불리할 경우(VIII)에는 과업지향적 리더가 효과적이며, 상황의 유리함이 중간 수준이면 관계지향적 리더십을 발휘하는 것이 효과적임을 알 수 있다.

이러한 결론만 본다면 "상황이 리더에게 유리하거나 불리할 경우 과업지향적 리더십 스타일을 발휘해야 하고, 중간 정도로 유리하면 관계지향적 리더십 스타일을 발휘해야 한다"라고 생각할 수 있다. 하지만 피들러는 리더가 지니고 있는 욕구 수준과 지배적 행동 성향은 일생 동안의 경험을 통해 형성되는 것이기 때문에 이를 변화시키기는 힘들다고 보았다. 따라서 피들러는 상황에 맞추어 리더십 특성을 바꾸는 것보다는, 상황의 특성을 파악하여 자신의 리더십 특성에 맞도록 상황을 변화시키는 것이 더 효과적인 방법이라고 주장하였다.

피들러의 이론에 따르면 리더십을 변화시키거나 육성하기 위해 교육훈련을 시키기보다는 상황의 특성에 맞는 특성의 리더를 선발하여 배치하거나 리더가 기존에 지니고 있는 리더십 특성에 맞추어 상황을 바꾸는 방법이 더 효과적이다.[10]

2. 피들러의 상황 이론에 대한 평가

피들러의 이론을 많은 학자들이 비판했는데 비판의 이유는 다음과 같다.[11]

첫째, LPC 측정 방법에 관한 문제로 실제로 LPC 설문지가 무엇을 측정하고 있고, 리더의 성격이나 동기를 측정하고 있는지, 그리고 LPC 점수가 리더의 행동 스타일과 연관성을 지니고 있는지가 논란이 되고 있다.[12]

둘째, 이 모델은 하나의 이론이라기보다는 리더의 LPC점수가 집단 성과에 어떤 방식으로 영향을 미치는가를 설명한 모델에 불과하다는 것이다.

셋째, 소위 조절변인(상황변수)의 선택과 적용에 문제가 있다는 비판이다. 이론상으로는 리더-구성원 관계, 과업 구조, 직위권력 등을 조절변인으로 주장하였으나, 구체적 실증연구에 있어서는 다른 변수로 대체한 경우가 많았고 상호호의성 측정지수도 일관되지 않았다.

넷째, LPC 점수 분포대를 보면, 중간 점수대의 리더가 높은 점수대와 낮은 점수대의 리더들을 모두 합한 수보다 많을 것이다. 그럼에도 불구하고 대부분의 연구와 모델에서는 점수대가 중간인 리더들에 대하여 별로 다루지 않았다. 연구 결과는 LPC 점수가 중간인 리더가 더 성공적임을 보여주고 있다. 이것은 아마도 중간대의 점수를 갖는 리더들이 친애 욕구와 성취 욕구를 적절히 균형 있게 갖추었기 때문일 수 있음을 시사하는 것이다.[13]

결국 피들러의 기여는 상황 이론을 처음 제시했다는 점과 리더십의

과정이 복잡하다는 것을 연구자들에게 일깨워주었다는 점이라고 요약된다.[14]

자가진단

LPC 설문[15]

각자 자신의 경험을 돌이켜보면, 여러분에게는 여러 다양한 사람들과 함께 어떤 목표를 달성하기 위해 일해본 경험이 있을 것입니다. 직장의 직무수행에서, 사교집단에서, 교회에서, 어떤 봉사단체에서, 운동경기 팀이나 그 밖의 많은 상황에서 어떤 동료들은 함께 일하기가 매우 즐겁고 쉬웠지만 어떤 동료들은 함께 일하기가 매우 어렵고 불쾌했던 경험이 있을 것입니다.

그러면 이제 여러분들은 함께 일한 경험이 있는 사람들을 모두 떠올려보십시오. 그리고 그중에서 함께 일하기가 가장 싫었던 사람들을 떠올려보십시오. 그 사람이 지금 함께 일하는 사람이라도 좋고 과거에 함께 일한 경험이 있는 사람이라도 좋습니다. 그러나 그 사람이 개인적으로 또는 감정적으로 가장 싫어한 사람일 필요는 없고, 다만 함께 일을 하기가 가장 어려웠거나 어려운 사람이어야 합니다. 다시 말해서 함께 일을 가장 잘할 수 없었던 사람이나 없는 사람을 생각하면 됩니다.

그래서 그 사람의 여러 가지 측면에 대하여 다음 설문의 해당된 곳에 체크를 하면 됩니다.

예를 들어 여러분이 생각하기에 함께 일을 가장 잘할 수 없는 사람이 상당히 단정치 못한 사람이라면 다음 표에 그렇게 표시하면 됩니다.

그리고 한 가지 주의할 점은 척도(scale)의 양쪽에 있는 말을 먼저 읽고 적당한 곳에 체크를 해야 하고, 각 문항을 하나도 빠뜨리지 말고 가능한 빠른 속도로 답해야 합니다. 각 문항에 대한 맨 처음 생각난 답이 가장 정확한 답일 가능성이 많기 때문입니다. 자 그러면 다음 LPC 척도의 각 문항을 답해보기로 합시다.

지금까지 함께 일한 사람들 중에서 가장 같이 일하고 싶지 않은 사람을 한 사람 떠올리고 그(녀)에 대해서 아래에 평가하시오.

			점수
쾌활한 사람	87654321	쾌활하지 않은 사람	____
친절하고 다정한 사람	87654321	불친절하고 다정하지 않은 사람	____
잘 거부하는 사람	12345678	수용적인 사람	____
긴장하고 있는 사람	12345678	긴장을 풀고 여유 있는 사람	____
거리를 두는 사람	12345678	친근한 사람	____
냉담한 사람	12345678	다정한 사람	____
지원적인 사람	87654321	적대적인 사람	____
따분해 하는 사람	12345678	흥미를 잘 느끼는 사람	____
싸우기 좋아하는 사람	12345678	화목하고 잘 조화하는 사람	____
우울한 사람	12345678	늘 즐거워하는 사람	____
서슴지 않고 개방적인 사람	87654321	주저하고 폐쇄적인 사람	____
험담을 잘하는 사람	12345678	너그럽고 관대한 사람	____
신뢰할 수 없는 사람	12345678	신뢰할 만한 사람	____
사려 깊은 사람	87654321	사려 깊지 못한 사람	____
심술궂고 비열한 사람	12345678	점잖고 신사적인 사람	____
마음에 맞는 사람	87654321	마음에 맞지 않는 사람	____
성실하지 않은 사람	12345678	성실한 사람	____
친절한 사람	87654321	불친절한 사람	____

■ 점수가 64점 이상이면 관계지향적 스타일이고 57점 이하이면 과업지향적 스타일입니다.

■ 1~8까지 중에서 8쪽에 위치된 형용사가 우호적인 단어이고 1에 가까울수록 그 반대되는 비우호적인 형용사입니다.

8	7	6	5	4	3	2	1
매우 그러함	상당히 그러함	꽤 그러함	약간 그러함	약간 그렇지 않음	꽤 그렇지 않음	상당히 그렇지 않음	매우 그렇지 않음

3-2 하우스의 경로-목표 이론

1. 이론 전개

로버트 하우스(Robert J. House)가 개발한 경로-목표 이론(path-goal theory)은 부하들이 열심히 일하게끔 동기부여할 수 있는 리더의 행동을 연구하는 것으로, 동기부여 이론의 하나인 빅터 브룸(Victor H. Vroom)의 기대 이론(expectancy theory)에 기반을 두고 있다.[16] 기대 이론에 따르면 구성원들은 다음의 세 가지 경우에 동기유발이 된다. 즉 ① 구성원들이 노력하면 그 과업을 수행해낼 수 있다고 믿을 때 ② 노력의 결과가 어떤 성과(보상)로 이어질 것이라고 믿을 때, ③ 과업 수행의 결과로 얻은 보상이 가치 있는 것이라 믿을 때이다.

따라서 리더가 하위자의 동기를 유발시키려면, 먼저 목표 달성의 대가로 부하가 향유하게 될 보상의 가치와 가능성을 증가시켜야 하며, 부하가 그러한 보상을 획득하는 과정상의 어려움이 없도록 장애물을 제거하거나 자신감을 심어주어야 한다. 부하가 목표와 보상에 이르는 경로를 다루고 있다는 점에서 하우스의 이론을 '경로-목표 이론'이라고 부른다.

이 이론이 리더들에게 주는 교훈은 구성원들의 동기유발을 위해 그들의 필요(욕구: motivational needs)에 가장 적합한 리더십 유형을 활용하라는 것이다. 이 같은 일은 작업환경에 결여된 것을 보완하거나 보충할 수 있는 행동을 선택함으로써 이루어진다. 그래서 리더들은 작업 상황에서 정보나 보상을 제공하여 구성원들의 목표 달성 수준을 제고하려고 노력한다.[17] 또한 리더는 구성원들에게 '그들의 목표를 달성하기 위해 필요하다고 생각되는 요소들'을 제공한다. 하우스와 테렌스 미첼(Terence Mitchell)에 따르면 하위자들이 작업의 대가로 받게 되는 보상의 양과 보상의 종류를 증대시킬 수 있을 때 그 리더십은 종업원들의 동기유발을 가능하게 한다.[18]

간단히 말해서 경로-목표 이론은 리더가 어떻게 하면 구성원들의 요구와 그들의 작업환경에 가장 적합한 리더 행동을 하여 구성원들이 목표 달성의 경로를 잘 따라가도록 도울 수 있을 것인가를 설명하기 위해 설계된 이론이다. 즉 적절한 리더십 유형을 선택함으로써 종업원들의 '성공적인 과업 수행과 만족'의 수준을 증진시킬 수 있게 된다는 것이다.[19]

앞서 피들러가 리더십을 특성으로 보고 단일 차원으로 제시한 반면, 하우스는 리더십을 리더의 행동으로 보았으며, 이를 독립된 네 차

[그림 3-4] 하우스의 경로-목표 이론[20]

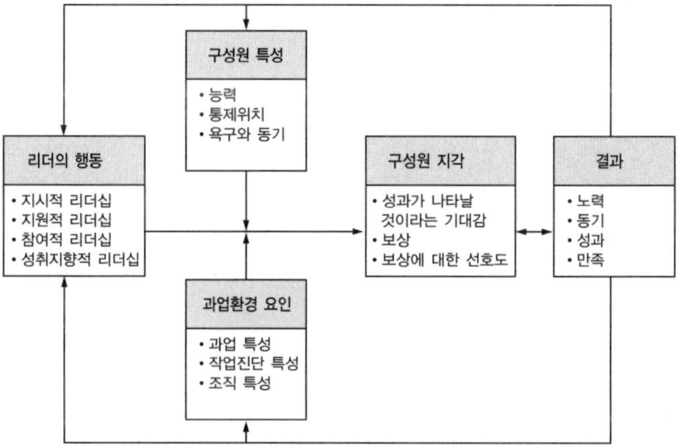

원으로 구분하고 한 리더가 동시에 여러 행동을 제공할 수 있도록 이론을 구성하였다[21]([그림 3-4] 참조).

1) 리더의 행동

경로-목표 이론의 한 부분인 리더 행동에 여러 상이한 행동들이 포함될 수 있겠지만, 지금까지 검증된 리더의 행동들은 지시적 행동(directive behavior), 지원적 행동(supportive behavior), 참여적 행동(participative behavior), 성취지향적 행동(achievement oriented behavior)을 포함한다.[22]

[표 3-2] 하우스의 리더십 행동[23]

지시적 리더십	구성원 통제, 조직화, 감독 등과 관련되는 리더의 행동이다. 규정을 준수토록 하고 작업일정을 제거하든가 직무를 명확히 해주는 등의 행동을 포함한다.
지원적 리더십	구성원들의 욕구와 복지에 관심을 보이고 모든 구성원을 평등하게 대하며, 동지적 관계를 중시하는 리더의 행동을 말한다.
참여적 리더십	의사결정을 할 때 구성원들과 상의하고 그들의 아이디어를 진지하게 고려해주는 리더의 행동을 말한다.
성취지향적 리더십	도전적 목표를 수립하고 최고를 지향하며 자신의 능력에 대해 자신감을 갖도록 하고 신뢰를 보임으로써 구성원들이 최고의 성과를 달성할 수 있도록 하는 리더십 행동이다.

2) 매개변수

경로-목표 이론에서는 구성원의 동기유발에 관련된 지각(perception)을 매개변수로 도입하고 있다. 이러한 매개변수는 기대 이론에 기초한 것으로, 구성원은 ① 그들이 노력하면 주어진 과업을 완수할 수 있다고 믿을 때 ② 노력의 결과가 어떤 보상과 연계될 것이라고 믿을 때 ③ 과업 수행의 결과로 얻은 보상이 가치 있는 것이라 믿을 때 동기부여된다는 것이다.

기대 이론에서는 동기유발을 주어진 시점에서 직무에 얼마나 많은 노력을 쏟아야 하는지에 대한 개인의 합리적 선택 과정이라고 보고 있으며, 이러한 동기유발 정도는 앞에서 언급한 세 가지 요소에 의해 결정된다. 그리고 구성원들의 동기유발에 관련하여 지각하는 내용은 그 사람이 직무에 쏟는 노력, 직무에 대해 만족하는 정도, 리더를 수용하는 정도, 달성하는 성과 등에 영향을 미친다.

경로-목표 이론에서 리더의 중요한 역할은, 부하가 지각하는 세 가지 요소에 영향을 미치는 것이다. 따라서 리더는 특정한 행동을 통해 구성원이 노력을 기울이면 성과를 달성할 수 있다는 기대감을 향상시키고 성과를 내면 어떠한 보상이 주어질 것이라는 기대감을 확실히 해주며, 주어지는 보상의 가치를 높게 평가하도록 해준다면, 부하는 보다 더 큰 노력을 집중하게 되고, 이는 보다 높은 직무 만족과 과업 성과를 가져올 것이다.

3) 상황적 조절변수

경로-목표 이론에는 특정 스타일의 리더 행동과 구성원 행동 간의 관계를 조절해주는 두 가지 유형의 상황적 조절변수가 개입되어 있다. 하나는 구성원의 특성과 관련된 것이고 또 하나는 과업의 특성과 관련된 것이다.

[표 3-3] 하우스의 상황 조절변수

구성원 특성	능력	구성원이 자신의 능력에 대해 지각하는 정도로서, 어떤 과업을 효과적으로 완성할 수 있다고 지각되는 능력이 크면 클수록 구성원은 리더의 지시적 행동을 그만큼 덜 수용하려고 한다. 왜냐하면 자신의 능력이 뛰어나다고 생각하는 구성원은 리더의 지시적 행동을 불필요한 것으로 보기 때문이다.
	통제 위치	이는 구성원이 자신의 신변에 일어나고 있는 일들을 자신이 통제할 수 있다고 믿는 정도를 나타낸다. 자기의 주변 환경을 자신이 통제할 수 있다고 보거나 신변에 일어나고 있는 일들이 자기의 행동 때문이라고 믿는 사람은 내적 통제 위치를 지니고 있으며, 그러한 일들이 자신의 통제 범위 밖에 있고 행운이나 운명 때문이라고 믿는 사람들은 외적 통제 위치를 지니고 있다. 일반적으로 내적 통제 위치를 지닌 구성원은 상사의 참여적 리더십을 더 선호하며, 외적 통제 위치를 지닌 하위자는 상사의 지시적 리더십을 더 선호한다.
	욕구와 동기	구성원이 내면에 갖고 있는 지배적인 욕구는 리더의 행동에 영향을 미친다. 예를 들면 안전 욕구가 강한 부하는 리더의 지시적인 행동을 수용할 가능성이 높지만, 자존 욕구가 강한 부하는 리더의 지원적인 행동에 대하여 더 호의적으로 반응할 것이다.
과업 특성	구성원의 과업 특성	구성원의 과업이 구조화된 정도를 말한다. 구조화 정도가 낮고 모호성이 큰 과업(역할 모호성이 큰 과업)을 수행하는 구성원은 리더의 지시적 행동을 더 잘 수용하게 될 것이다. 반면, 구조화 정도가 높고 일상적으로 반복되는 과업(역할 모호성이 작은 과업 또는 역할 명료성이 잇는 과업)을 수행하는 구성원에게 리더가 지시적 행동을 하는 것은 부적절하다.
	작업집단 특성	작업집단의 특성도 구성원이 리더의 행동을 수용하는 데 영향을 준다. 집단이 형성 초기에 있는 경우 리더가 지시

		적 행동을 하는 것이 효과적이지만, 집단이 안정되어 확고한 규범이 갖추어진 상황에서는 지원적 행동과 참여적 행동이 더 효과적일 것이다.
	조직 특성	조직 특성이란 규칙·절차 등이 구성원의 작업 활동을 조절하고 있는 정도(즉 조직의 공식화 정도), 시간적 압박감이 존재하는 정도 등을 의미한다. 공식화 정도가 높은 조직에서는 지시적 행동이 별다른 효과를 내지 못할 것이나, 시간적 압박감이 큰 상황에서는 효과를 발휘할 수 있을 것이다.

4) 리더십 행동과 각 변수들 간의 관계[24]

경로-목표 이론에 따르면 네 가지 리더십 스타일의 효과는 구성원의 특성이나 과업환경 요인에 의해 달라진다. 하지만 구성원의 특성과 과업 특성이 결합되어 나타나는 상황별로 어떤 리더십 행동이 효과적인가를 구체적으로 밝히는 것은 매우 어렵다. 왜냐하면 구성원 특성과 과업 특성을 조합하여 만들어낼 수 있는 상황에 대한 경우의 수가 무수히 많기 때문이다. 이러한 이유 때문에 경로-목표 이론은 여러 상황변수를 결합시켜 나타나는 상황에 따른 바람직한 리더십 행동을 체계적으로 제시하기보다는 상황변수 각각에 대해 어떠한 리더십이 바람직한가를 제시하는 데 그치고 있다.

① 지시적 리더십과 각 변수들 간의 관계

외적 통제 위치를 갖고 있거나 과업 능력이 부족한 구성원들에게 지시적 리더십을 발휘하면 하위자들의 만족도는 높아진다. 외적 통제 위치를 갖고 있는 사람은 자신의 운명이 자기 책임이 아니라 외부에 있다고 생각하기 때문에 확실한 방향을 제시받는 것을 선호한다. 이는 자신들의 주위에서 일어나는 일들은 외부에 의해 통제된다는 느낌과 같은 맥락에 있는 것이다. 그리고 능력이 부족한 사람들은 과업의 수행 방법 등을 명확히 제시해주는 리더를 선호한다. 이와 반대로, 내적 통제 위치를 갖고 있거나 과업 능력이 뛰어난 구성원들에게 지시적 리더십을 발휘하면 만족도는 저하될 것이다. 과업 능력에 대한 자신감을 가진 구성원에게는 지시적 행동은 불필요한 행동이고 지나친 통제가 될 수 있다.

또한 역할 모호성이 있는 상황에서는 지시적 리더십이 부하의 노력이나 만족을 증대시킬 수 있지만 역할 명료성이 있는 상황하에서는 그렇지 않다. 역할 모호성은 과업이 구조화되지 않았거나, 공식화된 정도가 낮고, 구성원이 과업을 수행한 경험이 적을 경우에 발생한다. 역할 모호성이 높을 때 구성원은 자신에게 기대되고 있는 것이 무엇인가를 모르기 때문에 과업을 효과적으로 수행할 수 있을지에 대해 비관적인 생각을 하게 된다. 이 경우 부하의 역할을 분명히 밝혀주는 지시적 리더의 행동은 부하의 노력-성과의 기대를 높이게 되어 부하의 노력을 증대시킨다.

② 지원적 리더십과 각 변수들 간의 관계

스트레스가 많고 단조롭고 구조화되어 있으며 불만스러운 과업을 수행하는 구성원에게 지원적 리더십을 발휘하면, 구성원은 작업환경의 부정적 측면을 감수하고 할 만한 일이라는 지각을 하게 되어 과업 수행 노력을 증가시킨다. 지원적 리더십이 과업 상황에 결여된 것을 보완해주기 때문이다.

또한 친화적 욕구가 강한 구성원은 지원적 리더십을 더 선호한다. 왜냐하면 친절하고 사회적 욕구에 관심이 높은 리더십 행동이 만족의 원천이 되기 때문이다.

③ 참여적 리더십과 각 변수들 간의 관계

참여적 리더십은 과업이 구조화되어 있지 않은 모호한 상황에서 구성원의 노력을 증대시킬 수 있다. 왜냐하면 구성원은 과업목표, 계획, 절차 등과 같은 의사결정에 참여함으로써 과업과 그들에 대한 역할기대를 학습하게 되기 때문이다. 이에 따라 구성원의 역할 명료성은 증대되고, 구성원의 '노력과 성과 기대감'도 증진된다.

내적 통제 위치를 지니고 있는 구성원에게 참여적 리더십을 발휘하면 만족도를 높여주지만, 외적 통제 위치를 지니고 있는 구성원들에게는 그렇지 못하다. 참여적 리더십은 내적 통제 위치의 사람들에게는 책임감을 느끼도록 하고 의사결정의 주체가 되도록 하기 때문이다. 또한 자율성에 대한 욕구와 성취 욕구가 큰 구성원들에게 참여적 리더십을 발휘하면 구성원은 의사결정 참여를 통해 만족이 높아지고 더 많은 노력을 기울이게 된다. 그러나 구성원의 자율성 욕구 및 성취 욕구가 낮고 구성원이 오히려 참여를 불유쾌한 것으로 받아들인다면 참여적 리더십은 구성원의 노력을 증대시키지 못할 뿐만 아니라 구성원의 직무 만족을 감소시킬 것이다.

④ 성취지향적 리더십과 각 변수들 간의 관계

성취지향적 리더십은 구성원으로 하여금 자신의 목표를 달성하는 데 자신감을 갖게 해준다. 구성원들에게 도전할 만한 목표를 제시하고 그들이 목표를 달성할 것이라는 확신을 표출해주는 리더는 구성원들의 '노력과 성과 기대감'을 증진시켜 구성원의 자신감과 동기유발을 높여준다. 하지만 성취지향적 리더십의 이러한 효과는 하위자가 비(非)반복적이고 애매모호한 과업, 즉 비구조화된 과업을 수행하는 상황하에서만 발생한다. 반복적으로 이루어지는 구조화된 과업을 수행하는 하위자에게 성취지향적 리더십은 구성원의 기대나 노력에 별다른 영향을 미치지 못한다.

2. 하우스의 경로-목표 이론에 대한 평가

경로-목표 이론의 주된 초점은 구성원을 도와서 장애물을 극복하는 것이다. 목표달성으로 가는 과정상의 장애물은 지나친 불확실성과 욕구불만을 가져오고 구성원을 위협한다. 경로-목표 이론은 이러한 상황에서 장애물을 제거해줌으로써 구성원을 돕는 것이 리더의 책임이라고 보고 있다. 그러면 구성원의 기대가 증진되고 만족도가 향상된다. 즉 리더는 과업환경에서 결여된 것을 제공함으로써 구성원을 돕고 능력상의 결함을 보충해주어야 한다는 원리에 기초하고 있다.

경로-목표 이론은 다음 몇 가지 측면에서 비판을 면치 못하고 있다.[25] 첫째, 경로-목표 이론이 개념적으로 꽤 복잡하고 리더십의 많은 상이한 측면들을 통합하고 있기 때문에 이론의 의미를 해석하는 데 어려움이 있으며 때론 혼동을 야기한다.

둘째, 타당성을 검증하기 위해 실시된 실증연구에서 단지 부분적으로만 검증되고 지지되고 있다.

셋째, 리더의 구성원 동기유발 측면만 강조함으로써 구성원 교육, 조정, 계획, 조직화 등의 행위를 배제하는 결과를 낳았다.

이러한 여러 가지 비판에도 불구하고 경로-목표 이론은 다음과 같은 여러 가지 측면에서 기존의 리더십 이론을 진일보시킨 것으로 평가되고 있다. 첫째, 원인변수로 포함시킨 리더십 행동은 이전의 상황 이론들이 단순화된 두 개의 범주를 사용했던 것에 비하여, 참여적 리더십과 성취지향적 리더십을 포함시켜 제시함으로써 여타 이론보다 좀더 포괄적이다.

둘째, 예외가 있기는 하지만 경로-목표 이론 이전에 소개된 이론들은 매개변수를 도입하는 경우가 별로 없었으나, 경로-목표 이론에서는 구성원의 지각을 매개변수로 도입함으로써 기존의 이론보다 정교한 설명력을 갖는다.

셋째, 기존의 상황 이론이 비교적 단순화된 상황적 조절변수만을 고려한 것에 비해 구성원의 특성과 과업의 특성이라는 다양한 상황요인들을 고려하고 있다.

하우스의 경로-목표 이론: 리더십 스타일 사례

● 지시적 리더십 사례: 스즈시게기공의 스즈키 기사쿠

스시(초밥)로 점유율 85퍼센트를 자랑하는 시즈시게기공 주식회사. 이 회사를 창업한 스즈키 기사쿠 씨는 헝그리 정신을 지니라고 사원들에게 말한다. 헝그리 정신이란 배가 고플 때 배를 채우기 위해 무슨 일이든 하듯이 일을 하는 정신이다. 그는 헝그리 정신을 가지고 연구와 개발을 진두지휘를 하여 5년의 연구를 통해 스시로봇을 개발하였다. 그는 직원들에게 항상 '즉시 하라', '즉시 행동으로 옮겨라'라는 말로 직원들을 독려하고 고객의 욕구에 부흥하기 위해 노력을 한다. 특히 회사의 히트 상품인 스시로봇은 쌀의 과잉생산으로 시름하는 농민을 보고 쌀 소비를 늘리면 이 문제가 해결된다고 보고 개발을 시작했다. 그래서 5년간 연구 개발하여 스시로봇을 만들었고 판매 초기에는 기존의 상식과 맞지 않아 판매가 저조하였지만 곧 판매가 많이 되었다. 그리고 유사품이 나오자 그는 하드웨어와 소프트웨어를 동시에 제공하는 기업이 되어야 한다고 생각하여 기업이 변신하여 차별화에 성공할 수 있었다. 그는 항상 그의 아이디어를 실천에 옮겨 '결과'를 창출한다. 마지막으로 그는 항상 수요를 개척하여 어려움을 이겨나간다.

● 지원적 리더십 사례: MK택시의 유봉식

일본에서 한국인의 성공은 어렵다. 그가 설립한 MK택시는 일본 내에서 소비자들에게 우수한 이미지를 심어준 회사를 뽑는 '엘레강스 컴퍼니'에 세계적인 그룹들과 나란히 올라 있는 회사이다, 그가 성공할 수 있었던 이유는 사원들이 무엇을 원하는지 알았고, 그들이 원하는 것을 주었다는 점에 있다.

그가 택시업을 시작한 1960년대 택시 운전사의 생활은 비참하였다. 대부분 집이 직장에서 거리가 멀었고 심지어 집이 없어서 다리 밑에서 거적때기로 바람만 막고 사는 사람들도 있을 정도였다. 또한 그때 택시업을 하고 있는 사람들의 의식은 '택시운전기사 = 소모품'이라는 인식으로 운영하고 있었다. 그래서 택시운전사의 근무 태도가 좋지 않았다. 그래서 그는 택시운전기사가 살 수 있는 주택을 차고에 가까운 장소에 지었다. 그랬더니 택시 운전기사들의 사고가 9분의 1로 줄었고, 결근 일수가 21일에서 3일로 줄었다.
그리고 그의 회사의 임원들 전부 (회장을 포함해서) 택시운전 면허가 있다. 그것은 CEO가 직접 현장에서 뛰는 것이 환경변화를 인식하고 근무자들의 고충을 파악하는 데 좋은 수단이기 때문이다. 4월 1일부터 일주일간 1주일에 한 번씩 교대로 교토 대학에 청강생으로 전 직원이 가야 한다. 사정이 되지 않으면 시민강좌에라도 가야 한다. 즉 직원의 평생교육을 시킨다. 그리고 택시 안에서 물건을 팔아 그 수익의 일부를 성과로 지급하여 직원들의 사기를 높인다.

● 참여적 리더십 사례: 월마트 창업자 샘 월튼

월마트 창업자 샘 월튼. 그는 항상 "무엇인가 변화시키지 않고 못 배기겠다"라고 입버릇처럼 말한 인물로 소매업의 최강자인 월마트를 만들었다. 그는 변화하려는 공감대가 형성이 되어 누군가가 주도하지 않고 움직이는 조직을 만들기 위해 휴일인 매주 토요일 아침에 운영회의를 가졌다. 회의 진행자는 그가 임의로 선정했다. 이를 통해 각 임원들의 리더십을 파악하고, 각각 무엇에 중점을 두어 회사에 전념하는지 파악을 하였다.
일반적인 회의 방식보다 훨씬 기대 수준이 높으며, 누구에게든지 나름대로의 신선한 아이디어를 가지고 분위기를 변화시킬 수 있는 기회가 주어진다. 이것은 "당신도 이 회사의 주인"이라는 의식을 심어주기 위해서이다.
그리고 그는 사람들은 그들의 상사의 수준에 맞춰서 일한다고 했다. 경영진이 부하들에게 관심이 없으면, 부하도 관심을 갖지 않는다고 생각했다.

● 성취지향적 리더십 사례

1) 맥도널드의 레이 크록

미국에서 맥도널드 프랜차이즈를 얻기 위해서는 2년간 무보수로 일을 해야 하고 전업으로 일할 여건을 갖추어야 한다. 다른 일을 하면서 부업으로 맥도널드를 경영하는 것은 안 된다. 왜냐하면 레이 크록(Ray Kroc) 자신이 전 재산을 팔아서 이 사업을 시작했듯이 모든 가맹점 주인들도 이 사업에 전력투구해야만 성공할 수 있다는 계산이다. 그렇지만 돈이 많이 들지는 않는다. 그가 그러한 사람을 찾기 위해서 택한 방법은 돈이 아니라 맥도널드에 대한 2년간의 헌신적인 관심이다.

2) 정주영 명예 회장

산업항 공사시 공기(工期)를 맞추기 위해 실무진들은 리야드 여행자 숙박소에서 외출 외박을 일절 금지하고 밤새워 서류를 준비했다. 그래서 100페이지가 넘는 견적서를 만들었고, 예상액은 12억 달리에서 25피센트를 깎고, 기기에서 5퍼센트를 다시 깎아서 8억 7천만 달러였다. 하지만 서류를 제출한 전갑원 상무가 9억3114만 달러를 썼고 또한 8개월 공사기간을 단축시키겠다는 점을 들어 입찰을 받았다. 이 돈은 당시에 한국정부 예산의 50퍼센트 이상을 차지하는 것이었다. 4척의 초대형 유조선 접안시설을 건설하는 공사는 이제껏 경험이 전무했다. 이 공사에 들어가는 자재의 양은 엄청났다. 콘크리트 소요량은 5톤 트럭으로 20만 대분이었고, 철강제가 1만 톤짜리 선박으로 열두 척분이었다. 게다가 36개월이라는 공기를 틀림없이 맞추어야 했다. 그중에서 가장 문제가 컸던 것은 유조선 정박에 필요한 철 구조물의 제작과 운반이였다. 재킷이라 불리는 철 구조물이 모두 여든아홉 개가 필요했다. 하나의 크기가 가로 18미터, 세로 20미터, 높이 36미터로 550톤짜리 10층 빌딩 크기였다.

그것을 울산 현대 조선소에서 제작했으며, 세계 최대의 태풍지대인 필리핀 해구를 지나 만 2천 킬로미터나 되는 거리를 통과해야 했다. 보험을 들려고 해도 천문학적인 액수가 제시가 되어, 어떤 화물보험도 가입하지 않는 채 철 구조물이 유사시에 물에 가라앉지 않도록 충분한 대책을 세우고 태풍이 불 때 어디로 흘러가는지 철저하게 조사를 하고 항해를 했다. 한번은 구조물을 끌고 가는 바지선이 대만 상선과 충돌했다. 다행히 재킷 한 개의 파이프만 구부러지는 경미한 사고였다. 또 한번은 태풍이 불어 대만 해안에 떠내려 간 것을 다시 끌고 와 운반했다. 그는 상식에 갇혀 있지 않고 하고자 하는 굳센 의지로 사업을 실천했다.

3-3 허시와 블랜차드의 성숙도 이론

1. 이론 전개

폴 허시(Paul Hersey)와 켄 블랜차드(Ken Blanchard)는 리더십 행동 이론에서 제시된 리더십 유형이 리더십 유효성과의 일관된 관계를 밝히지 못한 데 착안하여 '상황적 리더십 이론'을 제시하였다.[26]

이 이론은 초기에는 '리더십 수명주기 이론'으로 불리다가 후에 저자들이 이론에 수정을 가하면서 '상황적 리더십 이론'이라고 명명했다. 이들은 피들러와는 달리 리더의 성격이나 동기 구조에 따라 리더를 구분하지 않고, 행동론적 관점에서 리더의 행동을 유형화하여, 리더가 동일한 행동 유형을 보이는 것이 아니라 상황에 따라 상이한 리더십 유형을 사용할 수 있다고 가정하였다. 이들은 리더십 유효성에 영향을 주는 상황조절변수로 부하의 성숙도 또는 준비정도(maturity)를 설정하고, 부하의 성숙도에 따라 상이한 리더십을 사용해야 한다고 주장하였다.[27] 성숙도란 성취동기의 수준, 책임을 맡기 위한 의지와 능력, 직무에 관련된 교육과 경험 등을 말하는 것으로, 요컨대 구성원들의 일에 대한 능력과 의지를 뜻한다.[28] 따라서 유능한 리더는 부하의 성숙도를 착안하고 이에 따라 자신의 리더십 유형을 거기에 맞추어나가는 사람인 것이다. 이러한 상황적 리더십은 〔그림 3-5〕에 표현되어 있다.

[그림 3-5] 허시와 블랜차드의 리더십 모델[29]

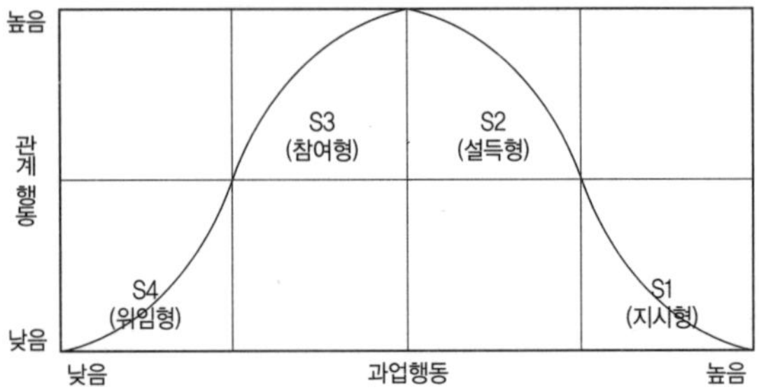

부하의 성숙도	M4 (높음)	M3 (약간높음)	M2 (약간 낮음)	M1 (낮음)
부하의 욕구	자아실현 욕구	사회적 욕구	안전 욕구	생리적 욕구
주도권	부하 주도		리더 주도	
러더십 행동	책임 위임 결정 위임	정보 공유 공동 결정	지도, 설득	구체적 지시 밀착감독

1) 리더십 행동 유형

허시와 블랜차드는 리더의 행동을 나타내는 용어로 기존의 행동 이론에서 소개된 과업지향적 행동(구조주의, 직무 중심적 행동)과 관계지향적 행동(배려, 종업원 중심적 행동)과 비슷한 개념인 과업행동(task behavior)과 관계행동(Relationship behavior)이라는 명칭을 사용하고 있다. 이와 아울러 부하의 성숙도를 증가시키는 행동으로서 개발적 개입활동(developmental intervention)을 제시하고 있다.

허시와 블랜차드는 리더의 과업행동과 관계행동이 어떻게 결합되는가에 따라 그 리더의 리더십 유형이 결정된다고 보았다. 즉 과업행

[표 3-4] 허시와 블랜차드의 리더십 행동

과업행동	리더가 집단 구성원(부하)들의 역할을 조직화하고 그 역할의 범위와 한계를 정해주는 행동을 말한다. 즉 각 구성원이 무슨 활동을 수행해야 하고 또 그 업무를 어디서 언제 어떻게 수행해야 하는가를 설명해준다든지, 조직 구조를 명확하게 확정시키고 의사소통 통로를 정해준다든지, 업무를 수행하는 방법을 확립시켜준다든지 하는 행동 등이 여기에 해당된다.
관계행동	리더가 의사결정에 부하를 참여시키고, 사회정서적인 지원을 제공해주며, 심리적인 위안을 제공하고 바람직한 행동을 조장함으로써 리더 자신과 구성원 간의 개인적 관계를 유지하려고 하는 행동이다.
개발적 개입행동	미성숙한 하위자를 성숙시키기 위한 행동으로서 부하 직원의 성숙도에 맞추어 지시를 줄이고 권한을 늘려준다든지, 잘한 일에 대해 칭찬과 정서적 지원을 보내준다든지, 부하와의 합의하에 부하가 해야 할 일과 리더 자신이 해야 할 일을 결정한다든지 하는 행동이 여기에 해당된다.

동의 많고 적음과 관계행동의 많고 적음이 결합되어 4가지 리더십 유형이 만들어진다는 것이다. 첫번째 유형은 높은 과업–낮은 관계 행동을 보이는 지시형이고, 두번째 유형은 높은 과업–높은 관계 행동을 보이는 설득형이다. 세번째 유형은 낮은 과업–높은 관계 행동을 보이는 참여형이고, 네번째 유형은 낮은 과업–낮은 관계 행동을 보이는 위임형이다.

2) 상황적 조절변수

허시와 블랜차드의 모형에서는 부하의 성숙도만을 상황적 조절변수로 채택하고 있다. 부하의 성숙도는 부하의 발달 수준과 관계된 것으로 수행해야 할 구체적인 과업에 비추어 판단해야 한다. 말하자면 특정한 개인이나 집단은 전반적인 의미에서 성숙하거나 미숙하다고 말할 수 없고, 주어진 특정 과업에 비추어 보았을 때 성숙한지 미성숙한지를 판단할 수 있다는 것이다. 따라서 과업이 바뀌면 이에 따라 성숙도도 바뀔 수 있음을 염두에 두어야 한다.

허시와 블랜차드는 특정한 과업을 수행하는 능력과 그것을 수행하려는 의지를 결합시켜 부하의 성숙도를 네 단계로 나누고 있다. 성숙도가 가장 낮은 단계(M_1)는 능력과 의지가 모두 낮은 상태를 말한다. 그 다음 단계(M_2)는 능력은 낮으나 의지는 강한 상태이다. 세번째 단계(M_3)는 능력은 뛰어나나 의지가 약한 상태이다. 마지막으로 가장 높은 단계(M_4)는 능력도 뛰어나고 의지도 강한 상태이다. 허시와 블랜차드는 부하직원의 이러한 성숙단계에 맞추어 효과적인 리더십 스타일을 제시하였다.

3) 상황별로 효과적인 리더십 스타일

허시와 블랜차드는 부하의 성숙도 변화에 맞추어 리더십 스타일을 달리 가져가야 한다고 주장했다(앞의 〔그림 3-5〕 참조). 이는 발달적 연속선상에서 부하의 성숙도가 높아짐에 따라 리더의 과업행동과 관계행동의 양이 변화되어야 한다는 것이다. 즉 관계행동은 부하의 성숙수준이 낮은 수준에서 중간 수준에 달할 때까지 많이 취해야 하며, 그 이후에는 점점 줄여야 한다. 반대로 과업행동은 부하의 성숙 수준이 높아짐에 따라 점점 줄여야 한다.

부하의 성숙 수준이 가장 낮은 상황(M_1)에서는 높은 과업-낮은 관계행동 유형으로 대부분의 의사소통의 초점이 목표달성에 맞추어져 있으며, 리더는 집단성원들이 무슨 목표를 어떻게 달성해야 하는가에 대한 작업지시를 하고 구성원들의 작업 활동을 주의 깊게 감독한다. 이러한 리더십 스타일을 지시형(telling) 리더십이라고 한다.

부하의 성숙 수준이 중간 정도인 상황(M_2, M_3)에서는 관계행동을 취해야 한다. 다시 말해 리더는 부하에 대해 깊이 배려하고 지원적이어야 하며, 칭찬과 관심을 아끼지 말아야 하고, 의사소통 과정에서 부하의 의견이 반영되도록 노력해야 한다.

M_2 상황에서 효과적인 리더십 스타일인 설득형(selling) 리더십은 높은 과업-높은 관계행동 유형으로 의사소통의 초점을 목표달성과 정서적 지원 양쪽에 맞추고 있다. 설득형 리더는 종업원들의 참여를 고무하고 아이디어를 장려함으로써 자신과 구성원들의 모두 참여하는 팀 정신을 촉구하지만, 여전히 무슨 목표를 달성할 것인가에 대한 최종결정은 리더가 내린다.

M_3 상황에서 효과적인 리더십 스타일인 참여형(participating) 리더십은 높은 관계-낮은 과업행동 유형으로 리더는 목표에만 초점을 맞추지 않고 지원적 행동을 통하여 구성원들이 달성해야 할 과업을 위해 능력을 발휘하도록 동기유발을 시도한다. 지원적 유형은 경청, 칭찬, 아이디어 제출 및 권유, 피드백 제공과 같은 것을 포함하는 구성개념이다. 참여적 리더는 일상적 의사결정의 책임은 부하에게 넘기지

만 문제해결을 촉진하는 책임을 리더가 가지고 있다.

부하의 성숙 수준이 가장 높은 상황(M_4)에서 리더는 낮은 관계-낮은 과업행동 유형으로 리더는 계획, 통제 등의 활동을 줄이고, 수행해야 할 업무에 대한 합의가 이루어지면 그 직무의 수행 방법의 결정과 직무 책임을 부하에게 위임한다. 이러한 리더십 스타일을 위임형(delegating) 리더십이라고 한다.

2. 허시와 블랜차드 이론에 대한 평가

이 이론은 실무적 측면에서 융통성 있는 적응적 리더 행동을 강조하여 같은 부하라 할지라도 성숙 수준의 변화에 따라 서로 다르게 다루어야 한다는 사실을 제시하고 있다. 실제로 부하의 성숙도라는 것이 조직의 리더십 발휘 현장에서 다른 변수에 비해 얼마나 중요한가는 어렵지 않게 간파할 수 있다. 따라서 최근까지도 실제 작업현장에서 리더의 훈련 모델로 많이 활용하고 있다.

그러나 이 이론 또한 다음의 두 가지 측면에서 비판을 받고 있다. 첫째, 허시와 블랜차드가 제시한 것과 일치하는 결과를 보인 경우가 매우 드물기 때문에 지금까지 연구된 결과만을 가지고는 허시와 블랜차드의 이론의 타당성을 입증하기 힘들다.

둘째, 이 이론이 제시하고 있는 리더 행동의 범주가 너무 개괄적이며 부하의 성숙도 역시 개괄적으로 정의하고 있다는 점과 상황변수를 부하의 성숙도라는 하나의 변수로만 단순화시켰다는 점이다.

이러한 여러 가지 비판을 받고 있음에도 불구하고 허시와 블랜차드의 상황 이론은 리더십 연구에 대해 긍정적인 공헌을 하고 있다. 먼저 이 이론의 최대 강점이라면 융통성 있는 적응적인 리더 행동을 강조한 점이다. 즉 특성이 서로 다른 부하는 상이한 방법으로 다루어야 하며, 같은 부하라 할지라도 상황의 변화에 따라 서로 다르게 다루어야 한다는 사실을 제시한 것에서 의의를 찾아볼 수 있다. 더 나아가 기량이 부족하고 동기유발 정도가 약한 하위자를 리더가 그저 문제아로 취급할 것이 아니라, 하위자의 기량과 자신감을 키워줄 수 있는 기회를 지속적으로 모색해야 한다고 강조한 점도 이들의 이론이 갖는 의의라고 할 수 있다.

3-4 브룸-예톤의 규범 이론

1. 이론 전개

1973년에 최초로 빅터 브룸과 필립 예톤(Victor Vroom & Phillip W. Yetton)이 제안하고 그 후 1988년 과거 15년 동안의 연구결과를 종합하여 브룸과 야고(Vroom & Jago)가 수정, 보완하였다.[30]

브룸과 예톤의 의사결정 모형은 리더가 의사결정에 부하를 참여시키는 정도는 각 의사결정 문제의 특성에 따라 달라져야 한다고 주장한다. 즉 그들은 리더가 의사결정에 구성원들을 참여시키는 정도를 5가지 유형으로 구분하고 각 의사결정의 상황에 가장 적합한 의사결정 유형을 선택해야 효과적이라는 것이다.

의사결정의 상황이란 의사결정의 중요성, 정보자료의 소유 여부, 의사결정 문제의 구조화 여부, 조직체 목표달성을 위한 부하의 노력 여부, 의사결정에 대한 부하의 수용성, 의사결정에 대한 구성원들 간의 갈등 여부의 7가지의 특성을 포함한다.

브룸과 예톤은 각 상황에 적합한 의사결정 유형을 선택하는 규칙을 제시하고 이에 기초하여 각 상황별 적합한 의사결정 유형을 요약한 의사결정나무(decision tree)를 제안하였다.[31] 따라서 이 모형은 의사결정의 효과성을 극대화하기 위해 적합한 유형의 선택을 규정하는 규범적 모형이다.

브룸과 예톤의 규범 이론은 〔그림 3-6〕, 〔표 3-5〕, 〔표 3-6〕에 나오는 것같이 5가지 리더십의 유형, 7가지 상황 요소, 17개의 의사결정 포인트, 그리고 7가지의 의사결정 규칙을 포함한다.

의사결정에서 구성원이 참여해야 할 정도는 의사결정 상황의 특성에 의존한다고 가정한다. 다시 말해서 이 모형은 모든 상황에서 최선인 의사결정(리더십) 과정은 없다는 것을 전제하고 있다. 따라서 리더는 상황의 분석을 거친 후에 그 상황에 가장 적절한(최선의) 하나의 리더 유형을 탐색해야 된다.

의사결정나무의 규범적 모형의 기초가 되는 7가지 규칙 중에서 3가지는 결정의 질을 확보하려는 규칙들이고 나머지 4가지는 결정의 수용도를 보호하려는 규칙들이다. 이러한 규칙들을 이용하여 상황을 진단하고 적절한 전략을 선택하는 과정을 의사결정나무의 형태로 제시하고 있는 것이다.

[그림 3-6] 브룸과 예톤의 규범적 리더십 모델[32]

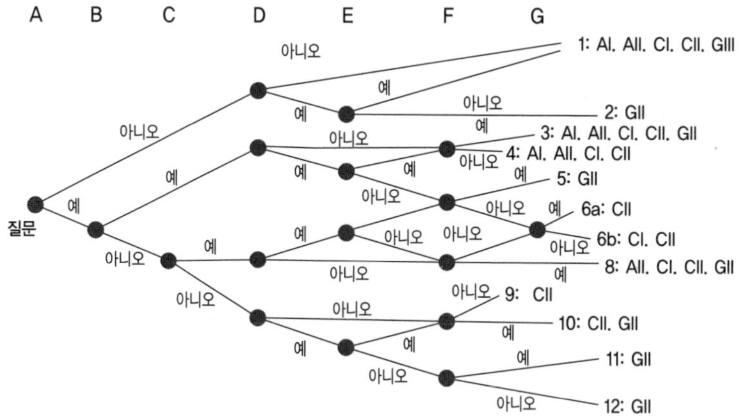

A. 문제가 의사결정의 질을 요구하고 있는가?
B. 우수한 의사결정을 위해 충분한 정보를 가지고 있는가?
C. 해결해야 할 문제가 구조화되어 있는가?
D. 결과에 대한 부하의 수용여부가 의사결정 실천에 중요한가?
E. 만약 나 혼자서 결정한다면 그 결정이 부하에게 수용되리라고 확신할 수 있는가?
F. 문제해결을 통해 달성될 수 있는 조직목표를 부하들도 공유하려고 하는가?
G. 선호한 해결책에 대하여 부하들 간에 갈등이 있을 가능성이 있는가?

결론적으로, 다양한 개인적 및 집단적인[33] 상황에 리더 유형을 연결시키려는 그들의 연구 업적을 여러 논자들의 관점을 중심으로 요약하면 다음과 같이 정리된다.

첫째, 이 이론에 따르면 다음과 같은 상황에서는 리더가 집단적 유형을 사용해야 한다.

· 리더 스스로가 문제를 해결하는 데 필요한 정보를 충분히 갖고 있지 못할 때

· 문제가 분명치 않으며 상황을 명확히 하기 위해 구성원의 도움이 필요할 때
· 구성원의 의사결정 수용이 리더 업무수행을 위해 요구될 때
· 구성원이 참여할 수 있을 만큼 시간이 충분할 때

둘째, 그러나 다음과 같은 상황에서는 리더가 오히려 개인적 유형을 사용해야 한다.

· 문제의 해결에 필요한 개인적인 경험을 갖고 있을 때
· 혼자서 할 수 있는 자신과 능력이 있을 때
· 자신이 한 의사결정을 타인들이 수락할 것 같을 때
· 토의를 위한 시간이 없을 때

[표 3-5] 브룸과 예톤의 리더십 유형

전제적인 리더십 유형	AI	리더는 혼자서 문제를 해결하고 의사결정을 한다.
	AII	리더는 부하에게 필요한 정보를 얻지만 문제해결은 혼자서 한다.
협의적 리더십 유형	CI	리더는 부하의 문제를 함께 공유하며 개인적으로 그들의 아이디어나 제안을 받는다. 리더가 하는 의사결정에 부하의 영향력은 반영될 수도 있고 반영되지 않을 수도 있다.
	CII	리더와 부하는 집단으로 모여서 아이디어나 제안을 듣는다. 그리고 의사결정은 리더 혼자서 한다.
집단 의사결정 리더십 유형	GII	리더와 부하는 집단으로 모여서 문제를 토론한다. 그리고 지도자와 부하가 함께 대안을 평가하여 집단으로 의사결정을 내린다.

[표 3-6] 브룸과 예톤의 7가지 규칙

● 리더의 정보 규칙	만일 의사결정의 질이 중요한데 리더가 혼자 문제를 해결할 수 있을 정도의 충분한 정보를 가지고 있지 못하면 가능한 전략 중에서 AI을 제외시켜야 한다. 왜냐하면 AI을 사용할 경우 질 낮은 결정이 이루어질 위험이 있기 때문이다.
● 목표 일치 규칙	만일 의사결정의 질이 중요한데 구성원들이 조직목표에 합치되게 문제를 해결할 것을 확신하지 못한다면 GII 유형을 제외시켜야 한다. 즉 집단 의사결정을 할 수가 없다.
● 비구조화된 문제 규칙	만일 의사결정의 질이 중요하고 리더가 충분한 정보를 갖고 있지 못한 경우 문제도 구조화되어 있지 않았다면 고려대상에서 AI, AII, CI을 제외시켜야 한다. 이런 상황에서는 리더와 구성원 간에 문제와 해결안을 찾으려는 상호작용이 필요하다.
● 수용 규칙	구성원들이 의사결정을 수용하는 것이 일하는 데 꼭 필요한 경우, 리더의 전제적 결정이 구성원들의 수용을 확신할 수 없다면 AI과 AII를 제외시켜야 한다.
● 갈등 규칙	의사결정에 대한 수용이 중요하고 전제적인 결정이 수용될지가 불분명한데 구성원들 간에 해결안에 대해 갈등 가능성이 있는 경우에는 가능한 전략들 중에서 AI, AII, 그리고 CI을 제외시켜야 한다. 구성원들 간의 상호교환과 보다 큰 참가를 통해 갈등이 해결될 수 있다.
● 공평성 규칙	의사결정의 질은 중요하지 않으나 수용이 중요하고 전제적 결정을 가지고는 안 될 때 AI, AII, CI, CII를 제외시켜야 한다. 여기서는 집단의 수용만 고려하면 됨으로 GII 유형이 가장 효과적이 될 것이다.
● 수용 우선 규칙	만일 수용이 중요한데 전제적 결정으로는 안 되고 부하가 조직목표를 추구하도록 동기부여되어 있을 때는 결정과정에 모든 부하들을 동등하게 참가시키는 방법이 결정의 질을 훼손하지 않으면서 보다 큰 수용을 낳게 할 수 있을 것이다. 이 때문에 고려대상에서 AI, AII, CI, 그리고 CII를 제거해야 한다.

2. 브룸-예톤 이론에 대한 평가

지금까지 브룸-예톤 이론에 가해진 비판들 중에 가장 많이 등장한 비판은 아마도 '이론이 너무 복잡하여 현실 적용이 어렵지 않느냐'는 점이었을 것이다.[34] 그러나 중요한 것은 모델이 복잡한가 또는 단순한가의 문제가 아니라 모델의 논리가 얼마나 명쾌하고 이해 가능한가 하는 점이다. 브룸-예톤 모델이 너무 복잡하다고 비판받기보다는 오히려 다른 리디십 이론들이 복잡한 리더십 문제를 너무 단순한 모델로 설명하려 함으로써 현실성이 결여되어 있다고 비판받을 수도 있을 것이다. 존 마이너(John B. Miner)는 브룸-예톤 모델의 구체성과 복잡성이야말로 다른 이론들이 넘볼 수 없는 수준의 현실 적용 가능성을 제공하고 있다고 평가한 바 있다.[35]

최근 유클은 브룸-예톤 이론의 또 다른 한계점들을 지적하였다.[36] 첫째, 의사결정 과정이 지나치게 단순화되어 있다는 것이다. 실제 조직에서의 의사결정 과정은 다양한 계층의 사람들과의 장시간에 걸친 상호교류 속에서 이루어진다. 또한 리더가 현장에서 의사결정 과정을 다양하게 사용할 수 있는 능력을 갖고 있다고 가정하고 있는데 현실은 그렇지 않다는 것이 두번째 비판이다. 셋째로는, 브룸-예톤 모델은 종종 리더가 상황 자체를 변화시킬 수도 있다는 점을 간과하고 있다는 것이다.[37]

3-5 리더십 대체 이론

1. 이론 전개

지금까지 살펴본 리더십 상황 이론들은 리더의 특성이나 행동이 구성원의 만족이나 동기부여 및 성과에 미치는 영향을 상황변수가 조절하는 구조를 설명하고 있다. 이들 이론은 어떠한 상황에서라도 리더의 행동은 구성원의 지각과 태도 및 행동에 중요한 영향을 미친다는 암묵적인 가정을 하고 있는 것이다.[38]

스티브 커(Steve Kerr)와 존 제미어(John M. Jermier)는 리더십이 부하의 만족과 동기유발 및 성과에 전혀 실질적인 영향을 미치지 못하는 상황이 존재한다는 데 착안하여 리더십 대체요인 이론을 개발하였다.[39] 이들은 리더십의 중요성을 감소시키는 상황의 측면들을 파악하는 모형을 개발하였는데, 이 모형은 대체요인(substitutes)과 중화요인(neutralizers)이라는 두 가지 종류의 상황변수로 구분하고 있다.[40]

리더십 대체요인은 리더의 행동을 불필요하거나 불가능하게 만드는 변수들을 말한다. 즉 자신의 역할을 명확히 이해하고 업무를 수행하는 방법을 잘 알며, 내면의 동기가 높고, 자신의 직무에 만족하는 구성원 특성과 그런 환경을 만드는 과업, 그리고 조직의 특성 등을 말한다.

리더십 중화요인은 리더가 특정한 방식으로 행동하는 것을 방해하거나 리더의 행동이 미치는 영향을 무력화시키는 구성원 특성과 과업 특성 및 조직 특성을 말한다. 예를 들면 리더가 성과를 많이 올린 부하에게 상을 줄 수 있는 권한을 갖고 있지 않다면 이런 상황변수가 중화요인이다.

커와 제미어가 처음 제시한 모형은 지원적 리더십(supportive leadership)과 도구적 리더십(instrumental leadership)에 대한 대체요인과 중화요인을 파악하는 것에 관심을 두었다. 여기서 지원적 리더십은 배려나 관계지향적 리더십과 유사하고, 도구적 리더십은 구조주의나 과업지향적 리더십과 유사한 내용이다. 커와 제미어는 다양한 구성원 특성과 과업 특성 및 소식 특성이 대체요인 또는 중화요인으로 작용할 수 있다고 주장했다.

커와 제미어는 다양한 구성원 특성과 과업 특성 및 조직 특성이 지원적 리더십과 도구적 리더십을 대체 또는 중화시키는 내용을 〔표 3-7〕에 제시된 것과 같이 설명하고 있다.

1) 상황변수의 조절작용[41]

리더십 대체 이론에 의하면 다음과 같은 구성원, 업무, 조직의 특성이 리더십을 중화 또는 대체시키는 효과를 가져올 것이라고 한다.[42]

① 구성원 특성

㉮ 구성원의 경험·능력·훈련: 만일 하위자들이 폭넓은 경험을 가지고 있거나 충분한 훈련을 받았다면 업무지시가 거의 불필요할 것이다. 왜냐하면 하위자는 자신이 어떠한 일을 해야 하고 또한 그러한 일을 어떻게 해야 하는가를 아는 데 필요한 기량과 지식을 이미 보유하고 있기 때문이다.

[표 3-7] 리더십의 대체요인과 중화요인[43]

상황적 조절변수		리더십 행동	
대체요인 또는 중화요인		지원적 리더십	도구적 리더십
구성원 특성	구성원의 경험·능력·훈련		대체요인
	전문가적 성향	대체요인	대체요인
	보상에 대한 무관심	중화요인	중화요인
과업 특성	단순반복적 업무		대체요인
	업무 자체로부터의 피드백		대체요인
	내재적 만족 제공 업무	대체요인	
조직 특성	응집력이 강한 작업집단	대체요인	대체요인
	약한 직위권력	중화요인	중화요인
	공식화		대체요인
	조직의 비융통성		중화요인
	리더와 부하 간의 물리적 거리	중화요인	중화요인

㉯ 전문가적 성향: 이와 비슷한 맥락에서 자신의 가치관과 윤리관 또는 욕구로 내면에서 동기가 유발된 전문직 종사자들은 리더가 작업의 질을 높이라고 재촉하지 않아도 자신이 알아서 작업의 질을 유지할 것이다.

㉰ 조직이 제공하는 보상에 대한 무관심: 조직이 제공하는 다양한 보상에 대해 하위자들이 느끼는 매력은 그들의 욕구와 성격에 따라 달라진다. 리더가 통제할 수 있는 보상에 대해 하위자들이 무관심할 경우, 이는 리더의 지원적 행동과 수단적 행동을 중화시키는 요인으

로 작용할 것이다.

② 과업 특성

㉮ 단순반복적 업무: 단순반복적인 업무는 수단적 리더십의 대체요인으로 작용할 수 있다. 단순반복적 업무의 경우 하위자들은 리더의 훈련과 지시에 의존하지 않고서도 업무수행에 필요한 적절한 기량을 신속히 습득할 수 있다.

㉯ 업무 자체로부터의 피드백: 업무를 제대로 수행하고 있는지 여부에 대한 피드백이 자동적으로 이루어지는 과업에서는 리더가 업무결과에 대한 피드백을 해줄 필요가 없다.

㉰ 내재적 만족 제공 업무: 만일 업무가 흥미롭고 즐거운 것이라면 리더의 격려나 독려를 받지 않고서도 업무 그 자체에 대해 충분한 동기가 유발될 것이다. 따라서 내재적 만족을 제공하는 업무는 직무에 대한 만족을 유도하기 위해서 발휘되는 리더의 지원적 행동을 대체시킬 수 있을 것이다.

③ 조직 특성

㉮ 공식화 정도: 상세한 규칙과 규정 및 방침 등이 문서화되어 있는 조직에서는 하위자가 일단 규정과 방침을 습득하고 나면 리더가 지시를 해야 할 필요성이 줄어들 것이다.

㉯ 조직의 비융통성: 만일 리더가 하위자들의 노력을 증대시키기 위하여 업무 할당이나 작업 절차 등을 변화시키기 어려울 정도로 규정과 방침 등이 엄격하다면 이는 대체요인 또는 중화요인으로 작용할

수 있을 것이다.

㉰ 응집력이 강한 작업집단: 작업집단 구성원들 간의 응집력이 강할 경우 하위자는 필요한 사회적 지원을 동료들로부터 받을 수 있으므로 리더의 지원적 행동을 대체시킬 수 있다. 또한 집단의 성과를 위해 기여하도록 동료 작업자들로부터 받는 압력이 크기 때문에 수단적 리더십이 대체될 수 있다.

㉱ 약한 직위권력: 리더에게 직위권력이 부족하거나 노조가 강한 영향력을 지니고 있는 경우에는 리더가 하위자들을 동기유발시키기 위하여 보상과 처벌을 활용하거나 필요한 정서적인 지원을 할 수 있는 정도가 중화될 수 있다.

2. 리더십 대체 이론에 대한 평가

리더십 대체 이론이 제시된 이후 상기한 바와 같이 여러 차례 검증이 이루어졌지만 그동안 이루어진 연구들이 일관성 없는 결과를 보이고 있기 때문에 타당성과 유용성을 명확히 판단하기는 힘들다. 그러나 이 이론은 리더십의 대체요인으로 작용할 수 있는 조건에 초점을 맞춤으로써 집단의 성과를 개선시킬 수 있는 접근 방법을 이해하는데 보다 균형 잡힌 시각을 제공해주고 있다. 기존의 리더십 이론은 공식적 리더의 역할에만 초점을 맞추고 있지만, 리더십 대체 이론은 리더십 효과를 대체시킬 수 있는 대안적인 방법에 대해서도 생각해보게 하는 계기를 마련해주고 있다.

리더십 대체 이론은 직관적으로 볼 때 호소력이 있으며, 다른 리더십 모델에서 다루지 않는 조직의 과정을 다루고 있다는 측면에서 그 의의가 있다. 특히 조직의 수평화, 임파워된 구성원의 필요성, 팀제 조직과 같은 혁신조직의 도입 추세 등을 고려해볼 때 대체 이론의 적절한 활용은 리더를 자유롭게 하며 전략계획과 같은 활동과 조직 목표달성에 몰입하도록 할 수 있다.

4 신조류 리더십의 이해

학습목표

- 리더십에 대한 전통적 접근법 이후 제시된 이론들을 학습한다.
- 리더십 이론의 조직생활에의 적용을 검토해본다.
- 최근 등장한 리더십 연구의 흐름을 이해한다.

최근 환경의 급격한 변화는 조직의 변화와 함께 새로운 리더십을 요구하고 있다. 즉 산업사회에서 정보 및 지식기반사회로의 전환은 환경의 불확실성과 과업의 복잡성을 가속화하고 따라서 이에 대응할 수 있는 유연한 조직으로의 변화, 인적자원에 대한 개념의 변화 및 관리방식의 변화 등과 함께 리더십의 개념도 변화를 추구하고 있다. 이러한 맥락에서 많은 학자들은 환경의 요구에 대한 조직의 민첩한 대응력 및 혁신성을 확보하고 미래의 비전 달성에 적합한 조직으로의 변화를 주도하며 구성원의 능력개발과 동기부여를 하는 데 초점을 맞추는 새로운 리더십 개념을 제시하고 있다. 이런한 새로운 리더십의 개념은 전통적인 관점에서의 관리(management)와 구별되면서 도입되기 시작하였다.[1] 리더십(leadership)과 관리(management)는 무엇을 해야 하는가를 결정하고 그 임무를 완수하기 위해 사람들 간의 관계를 형성하며 그것을 통해 실제로 임무를 완수하도록 한다는 점에서는 유사점이 있다. 따라서 관리를 리더십의 한 부분으로 보거나 리더십을 관리의 한 부분으로 보는 경우도 있으며, 리더십과 관리를 구분하지 않는 경우도 있다. 그러나 리더십과 관리는 분명히 구별되는 점도 있다. 관리는 단기적 관점에서 위험을 회피하며 복종 또는 순응, 그리고 통제와 예측가능성에 초점을 두고 일을 효율적으로 유지하는 규칙적인 결과를 만들어내는 것에 일차적 기능이 있다. 반면에 리더십은 장기적 관점에서 위험을 감수하며 몰입에 초점을 맞추어 유용한 변화를 만들어내는 것에 일차적 기능이 있다.[2] 따라서 환경의 변화에 따라 요구되는 새로운 리더십의 개념은 변화와 구성원 개발 및 자발적 몰입에 초점을 맞추고 있다. 조직을 변화시키고 새로운 비전을 부여하며 구성원의 잠재력을 극대화시키고 구성원의 자발적 참여를 유도함으로써 더 높은 성과를 이루려는 새로운 리더십의 개념은 카리스마, 변혁적 리더십, 셀프/슈퍼 리더십, 그리고 임파워먼트 리더십과 과 서번트 리더십 등으로 나타나고 발전되고 있다. 본 장에서는 이와 같이 새롭게 등장하는 리더십의 흐름에 대해 설명하고자 한다.

4-1 카리스마 리더십

카리스마는 일반적으로 상대방이 어떠한 매력을 느끼고 호감 등의 감정을 가질 때 표현된다. 또한 카리스마를 단순히 강하다는 의미로만 생각하는 경우가 있다. 하지만 흔히 부드러움 속의 카리스마란 말처럼, 카리스마는 강함만을 뜻하는 것이 아니라 카리스마를 지닌 자의 능력이나 매력 등으로 생각할 수 있다. 카리스마라는 말은 'gift(신이 주신 재능, 은총)'를 뜻하는 그리스어 'kharisma'에 그 어원을 두고 있다. 이는 논리적, 과학적으로 설명할 수 없는 어떠한 능력이나 힘을 의미하는데, 여기서 주의해야 할 사항은, 기본적으로 카리스마는 어떠한 대상이 가지고 있는 것을 의미하기도 하지만 상대방이 그 대상에게 카리스마를 느낀다는 것을 의미하기도 한다. 즉 카리스마는 누군가가 스스로 가지고 있는 것이기도 하지만 상대방의 생각이나 느낌으로 결정된다는 것이다. 후자의 관점을 보면 조직에서 카리스마 리더라고 하는 것은 그 리더의 부하직원들에 의해 결정된다는 것을 의미한다.[3]

1. 카리스마 리더십의 학자별 분류

1) 막스 베버의 카리스마 리더십[4]

막스 베버(Max Weber)는 권력의 원천을 전통적, 합법적, 카리스마적 권력으로 보았다. 전통적 권력은 관습, 역사적, 문화적인 유산에 근거한 권력이다. 중세 유럽의 영주나 왕권의 세습 등이 이에 속한다. 전통적 권력을 느끼는 구성원들은 리더가 갖는 권력을 자연스럽게 받아들이게 된다. 다음으로 기업이나 정부에서 쉽게 볼 수 있는 권력의 형태로 합법적 권력이 있다. 이는 법, 제도, 계약, 약속 등에 의해 주어진 권력을 의미한다. 선거 등으로 뽑힌 대통령, 시장 등이 이에 속한다. 그리고 카리스마 권력와 관련하여, 베버는 '카리스마란 사람에게 초인간적이거나 혹은 비범한 힘(능력)이 부여된 특별한 성격적 특

[표 4-1] 베버의 카리스마 리더의 특징

카리스마를 느끼는 구성원
기회, 역경 등의 상황
반(反)관료제적
합리적 경제행동의 거부
혁명적 변화 수반
불안정하고 일시적인 관계

성'이라고 정의 내린다. 즉 영웅적인 힘, 매력 등으로 만들어지는 권력이다. 카리스마 리더는 특별한 능력과 자질을 가지고 있고, 이러한 리더의 특성에 대해 구성원들은 카리스마를 느끼게 된다.

베버에 따르면 카리스마 리더는 구성원들에게 특별한 매력(카리스마)을 발휘한다. 베버는 리더의 특정 행동이나 말, 그리고 어떤 특성들에서 카리스마가 나온다고 보았다. 그는 카리스마 리더의 특성에 대해 다음과 같이 말한다.[5] 먼저 카리스마 리더는 카리스마를 느끼는 구성원에 의해 만들어진다. 또한 기회나 역경, 고난의 상황에서 카리스마 리더십이 만들어진다. 카리스마 리더십은 반관료제적으로, 공식적인 규칙이나 일상적 행정을 결여하고 합리적인 경제행동을 거부한다. 또한 사회를 변혁시키는 혁명적 변화를 수반한다. 리더와 구성원들의 관계는 불안정하고 일시적일 수 있으며, 이들은 가족적 생활이나 유대관계에서 이탈되기도 한다. 그래서 카리스마 리더십을 유지하기 위해서 리더는 자신의 카리스마를 계속 입증해야 한다. 또한 리더는 카리스마를 통해 구성원들의 믿음도 유지되도록 해야 한다.

2) 하우스의 카리스마 리더십

하우스는 리더의 카리스마에 대해서, 리더의 특성과 행동의 몇 가지 요소들을 이야기한다. 다음 그림에 나온 특성과 행동의 요소들이 리더의 카리스마를 형성하고 이렇게 형성된 카리스마는 구성원에게 영향력을 행사하고 동기부여하며 특정적인 결과를 만들어낸다.[6] 리더의 특성 이론에 나오는 내용과 같이 리더는 구성원과 비교했을 때 강한 우월성을 지닌다. 리더는 자신의 신념에 강한 자신감을 지니고 있으며 이를 확신한다. 또한 권력에 대한 강한 욕구를 가지고 있다. 이러한 특성을 지닌 리더가 몇 가지 행동을 통해서 카리스마를 형성하게 된다. 먼저 리더는 비전을 설정하고, 구성원들이 이 비전을 인식할 수 있도록 도우며 구성원과 비전을 공유하는 것이다. 또한 구성원에게 높은 성취에 대한 기대감을 조성하고 이에 대해 구성원을 신뢰한다. 그리고 구성원이 비전을 인식할 수 있도록 조직에서 요구되는 가

[그림 4-1] 하우스의 카리스마적 리더십 모델[7]

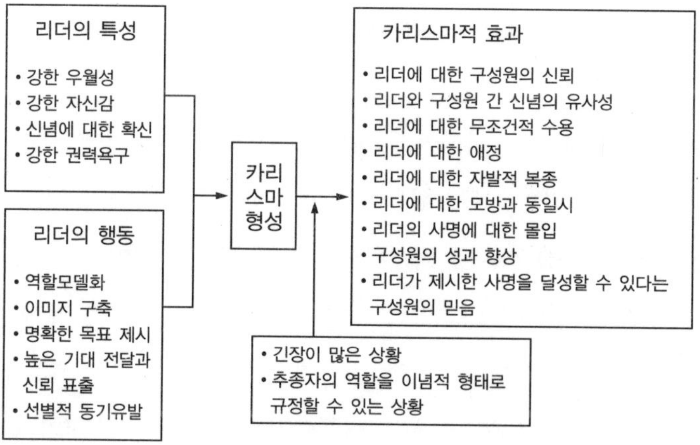

치와 특징 그리고 신념과 행동들을 모델화한다. 모델화된 내용을 통해 구성원들은 자신들이 해야 할 행동을 명확히 알 수 있게 된다. 그리고 리더는 구성원의 자신감과 자존감에 관심을 갖는다. 즉 구성원이 해야 할 행동, 업무에 대해서 스스로가 할 수 있다는 자신감을 갖도록 만드는 것이다. 이를 통해 구성원들을 동기부여시키고, 성취지향적인 성향을 갖도록 하며 목표를 추구할 수 있도록 한다. 구성원은 리더와 동료들의 흥미에 일체감을 갖게 되고, 그들의 자아상 또한 리더로부터 영향을 받게 되는 것이다. 또한 리더는 노력과 목표의 본질적인 가치를 증가시킨다. 구성원들과 공유하는 목표가 가치가 있고 그들의 노력도 보다 높은 가치를 갖는다고 느끼도록 만든다. 이러한 동기부여가 리더의 역할인 것이다. 마지막으로 구성원들은 개인적으로 리더와 비전에 개인적인 몰입을 하게 된다. 이에 따라 구성원들이 스스로 자기희생적 행동을 함으로써, 조직 전체적인 몰입이 형성될 수 있다. 구성원들은 업무에 만족하게 되고 업무에 대한 의미감을 가짐으로써 성취도 증가될 수 있다. 이와 관련해서 카리스마 리더가 구성원에게 인정받기 위한 몇 가지 조건이 필요하다.[8] 먼저 리더의 믿음이 옳다는 구성원들의 신뢰가 있어야 하고, 리더의 믿음과 구성원의 믿음이 유사성을 가지고 있어야 한다. 또한 구성원들은 리더를 수용하고, 복종의 의지를 가져야 하며, 이에 리더는 구성원들에게 애정을 가져야 한다. 그리고 구성원들은 조직의 사명을 달성하기 위해 감정적으로 몰입해야 하며, 스스로 사명에 기여할 수 있다는 믿음을 갖고 있어야 한다. 이를 통해 구성원들은 높은 성과 목표를 갖게 된다. 이러한 전제조건이 갖추어질 때 하우스가 제시한 카리스마 리더의 효과가 나타날 수 있는 것이다.

3) 콩거와 카눙고의 카리스마 리더십

제이 콩거(Jay A. Conger)와 라빈드라 카눙고(Rabindra N. Kanungo) 역시 구성원이 리더에게 카리스마를 느껴야 한다는 전제하에, 구성원이 리더에게 카리스마를 느끼게 되는 4가지 요소를 제시하고 있다.[9] 첫째는 조직이 나아가야 할 방향을 제시하는 비전이고, 둘째는 리더의 높은 개인적 모험성이다. 즉 리더는 안정을 추구하기보다는 위험이 있는 도전과 모험을 즐기는 특성을 가지고 있음을 의미한다. 셋째, 리더는 환경과 관련하여 변화를 가져오는 환경자원을 끊임없이 평가한다. 마지막으로 비전을 추구하고, 구성원들을 동기부여시키며, 이에 필요한 인상을 관리하고 표현하는 경우에 구성원들은 리더에게 카리스마를 느끼게 되는 것이다. 이는 카리스마 리더의 특징이 될 수 있고, 이러한 특징을 지니고 있을 때, 구성원들이 리더에게 카리스마를 느끼게 된다는 것이다. 콩거와 카눙고는 결국 리더가 조직을 바람직한 상태로 변화시켜야 한다고 주장하며, 이러한 과정에 대해 설명하고 있다.[10] 먼저 리더는 끊임없이 환경을 평가해야 한다. 이를 토대로 미래에 대한 비전을 설정한다. 리더는 비전을 공식화하고 확실한 목표를 갖는다. 이후에 이 비전을 구성원들과 공유하도록 한다. 이때 리더는 자신이 사용할 수 있는 모든 방법을 동원해서라도, 구성원들이 비전을 인식하도록 만들어야 한다. 이에 공유된 비전을 지닌 구성원들은 리더로부터 신뢰받고 권한을 위임받을 수 있게 된다. 리더는 업무에 있어서, 안전보다는 위험을 감수하는 자세를 가져야 하며, 업무에 대한 전문적 능력도 보유해야 한다. 마지막으로 리더는 구성원이 목표를 성취할 수 있다는 본보기가 되어 구성원들에게 믿음을 심어주

[표 4-2] 리더가 카리스마를 갖게 되는 4요소

비전의 제시
높은 개인적 모험성
환경자원의 평가
구성원 동기부여와 인상관리

어야 한다. 즉 리더는 구성원들의 역할모델이 되는 것이다.

4) 투시먼의 카리스마 리더십

마이클 투시먼(Michael Tushman)은 비전제시(Envision), 활력부여(Energizing) 그리고 자신감부여(Enabling)라는 세 가지 개념을 통해 카리스마 리더의 특징에 대해 설명하고 있다. 먼저, 비전제시는 구성원들이 인정하고 동일시할 수 있는 미래의 청사진을 창조하는 것이다. 리더는 비전을 제시하여, 구성원들이 성공할 수 있다는 느낌을 갖게 하거나 몰입시킨다. 또한 리더는 비전을 설정하고 제시하여 카리스마 리더십을 지닐 수 있게 된다. 이러한 비전은 추구할 가치가 있고 도전적이어야 한다. 다음으로 활력부여는 리더가 구성원이 개인적인 흥분(열정)과 에너지를 갖도록 돕는 것을 의미한다. 성공에 대한 리더의 자신감과 능력을 보여주어 구성원들의 동기를 부여한다. 마지막으로 자신감부여는 구성원에 대한 리더의 지원을 의미한다. 구성원들은 그들의 업무에 대해 감정적인 지원을 필요로 하기도 한다. 이때, 리더는 감정이입 등의 방법으로 구성원들에게 심리적, 감정적 도움을 준다.

[그림 4-2] 투시먼의 카리스마 모형[11]

비전제시	활력부여	자신감부여
흥미롭고 강력한 비전을 명확히 표현한다.	개인적 신뢰의 표현	개인적 지원의 표현
높은 기대감	개인을 흥분시키는 능력	조직 내 신뢰 표현
시종일관적 행동의 모델링	성공을 추구하고, 탐색하며 이용한다.	감정이입

2. 카리스마 리더십의 관점별 분류

1) 포괄적 모델과 제한적 모델[12]

① 포괄적 모델(Broad Model)

포괄적 모델은 카리스마 리더십과 관련된 4가지 특징에 초점을 맞춘다. 이러한 4가지 특징을 통해, 리더는 카리스마를 갖게 되는데, 각 특징은 독립적이라기보다는 서로 영향을 주고받는 관계이다. 첫번째 특징으로 리더는 비전과 가치를 설정하고, 이를 구성원과 공유하는 데 초점을 둔다. 리더는 그들의 가치와 매우 바람직한 미래의 정신적 이미지를 창출하고, 이를 구성원들이 인식하고 이해하게 한다. 리더가 갖는 가치는 곧 조직의 임무이자 목표가 되고 구성원들에게 기대되는 행동이 된다.

두번째 특징으로 리더는 구성원들 간에 일체감을 갖도록 한다. 리더는 구성원들 간 공동의 결속력을 창출하고, 조직에서 '우리는 누구인가', '우리는 무엇을 대표하는가'에 대한 감정을 공유하는 데 초점을

[표 4-3] 포괄적 모델의 4가지 특징

비전의 설정과 공유
조직과 구성원 간 일체감
구성원에게 요구되는 바람직한 행동의 표현
리더가 갖는 정신력(힘)의 반영

맞춘다. 구성원들은 이를 통해, 서로 간에 일체감을 느끼게 된다.

세번째 특징으로 리더는 구성원에게 요구되는 바람직한 행동을 표현한다. 리더는 그가 추구하는 목표와 동질성, 그리고 가치에 대한 리더의 개인적인 몰입을 보여준다. 이를 통해 구성원에게 자기희생적 모습을 끌어낸다.

마지막 네번째 특징은 리더가 갖는 정신력(힘)의 반영이다. 리더는 자신감과 심리적, 사회적 용기, 결단력, 낙천주의, 혁신을 보여주고 창출한다. 구성원은 리더의 기대와 성공할 것이라는 희망 안에서 일체감을 갖게 된다. 이는 카리스마 리더의 뜻을 반영한 것이 된다. 구성원들이 서로 간 일체감을 갖고 있기 때문에 카리스마 리더는 권력을 얻게 되는 것이다. 사우스웨스트 항공(Southwest Airlines)이나 오프라 윈프리(Oprah G. Winfrey)에게서 볼 수 있는 카리스마 리더십은 복잡한 생각을 간단한 메시지로 추출하고 이를 상징 및 은유의 방법을 이용하여 의사소통하는 특징이 있다. 그들은 구성원들이 열심히만 일하게 하는 것이 아니라 일체감을 갖고 일하게 만든다.[13]

[그림 4-3] 제한적 모델

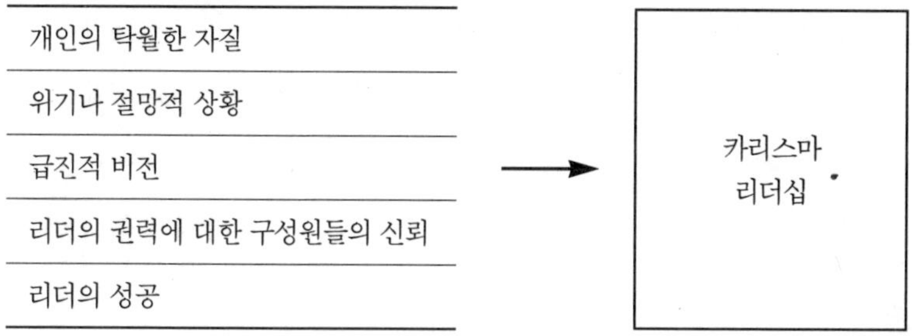

② 제한적 모델(Restricted model)

몇몇 리더십 연구자들은 [그림 4-3]과 같은 5개의 요소가 각각 존재하고, 이들이 서로 결합되어 작동되어야만 카리스마가 존재한다고 주장한다. 카리스마의 존재를 결정하는 5개 요소는 다음과 같다. 첫째, 리더는 탁월한 자질과 재능을 지닌 사람이어야 한다. 업무에 대한 능력뿐만 아니라, 구성원들을 대하고 리드하는 데 있어서 능력을 지니고 있어야 한다. 이는 과업지향적이며 동시에 관계지향적인 리더의 특징을 의미한다. 둘째, 조직의 환경과 관련하여 사회나 조직이 절망적이거나 위기에 처한 상황에서 카리스마 리더십이 발휘된다. 구성원들은 자신들이 처한 위기의 상황에서 누군가에게 의지하고 싶은 마음을 갖게 된다. 이때 자연스럽게 카리스마를 지닌 영웅과도 같은 리더를 원하게 될 수 있다. 이러한 위기의 상황에서 이를 해결해나가기 위해 카리스마 리더십이 발휘될 수 있는 것이다. 셋째, 카리스마 리더의 잠재력을 지닌 사람이 위기에 대한 급진적인 비전이나 개념 설정을 통해 문제를 해결할 수 있다는 가능성을 갖는다. 즉, 능력을 지닌 리더가 위기라는 환경에서 카리스마 리더십을 발휘하게 되는 것이다. 넷째는 이렇게 능력 있는 리더에게 이끌리는 구성원들이 있어야 한다. 구성원들은 그들의 리더가 갖는 뛰어난 힘과 급진적 비전에 대한 믿음을 가지고 있어야 한다. 마지막으로, 리더가 지닌 대단한 재능을 실감하거나 확인해야 한다. 구성원이 위기를 지각한 상태에서 반복적인 성공으로 리더의 능력을 믿게 되고, 이를 바탕으로 위기를 극복할 수 있는 급진적인 비전이 필요해진다.

마틴 루터 킹의 리더십은 이 모델의 예시이다. 시민권의 위기, 킹의 탁월한 개인적 특성, 그 당시 급진적 비전에 몰입을 불러일으키는 능력, 그와 그의 비전에 매력을 느끼게 된 추종자와 일련의 성공적인 일이 함께 뭉쳐 성장하는 사회운동의 결과를 낳았다.

2) 원격(Distant) 모델과 근접(Close-up) 모델[14]

원격 모델과 근접 모델은 리더와 구성원 간의 거리에 초점을 둔 분류이다. 기본적으로, 원격 모델의 경우 구성원은 리더와 거리감을 가지고 있고 쉽게 다가가기 어렵다는 생각을 갖게 된다. 또한 리더와 구성원 간의 의사소통이 드물고, 구성원은 때로 리더를 신비롭게 여기고 경외감을 갖게 된다. 원격 리더는 구성원들의 성취와 정치적 행동에 영향력을 행사한다.

원격 모델에서 리더는 업무에 대한 자신만의 고집과 할 수 있다는 용기를 가지고 있어야 한다. 리더는 구성원들과의 의사소통에서 과장을 하는 기술을 가지고 있으며, 관념적이고 이데올로기적 성향을 지닌다. 그리고 사회적인 용기를 표현하는데, 이는 압력이나 곤란한 상황에 순응하지 않고 이를 이겨내려는 의견을 표현하는 것을 말한다.

반면에 근접 모델에서의 리더는 구성원들의 일체감, 업무행동 등에 대한 영향력을 행사한다. 즉 원격 리더와 비교하여 보다 구성원과 가까운 리더십이라 할 수 있다. 리더는 구성원들과의 인간관계를 중시한다. 그리고 리더와 구성원 사이에서 보다 잦은 의사소통이 일어난다. 야기(Yagi)는 카리스마를 결정하는 데 있어서 인간관계의 질은 원격 리더보다 근접 리더에게 더 중요하다고 말한다.

근접 모델에서의 리더는 인간관계에 초점을 두는 경향이 있다. 리더는 사교성이 좋고, 유머감각을 지닌다. 또한 업무에 대해 전문적인 기술과 지적 능력을 보유하고 있고, 뛰어난 활동성을 필요로 한다. 창의력과 같은 독창성과, 구성원들이 매력을 느끼는 신체적인 특성도 가지고 있다. 마지막으로 업무에 대해 높은 기준을 설정한다.

원격 모델과 근접 모델이라는 두 가지 개념의 리더십은, 분명 차이점이 있지만, 동시에 몇 가지 공통적인 특성도 있다. 먼저 리더는 자기 스스로를 신뢰한다. 능력이나 자신감에 있어서 과신이라고 표현할 수 있을 정도로 자기 자신을 신뢰한다. 그리고 본인 스스로가 정직을 중시하고 구성원에 대해서 권위를 지닌다. 업무나 구성원에 대해서는 희생정신을 가지고 있는 것도 두 가지 카리스마 개념의 공통점이라 할 수 있다.

3) 카리스마의 긍정적 측면과 부정적 측면

카리스마 리더가 항상 구성원에게 긍정적 영향력만을 주는 것은 아니다. 카리스마 리더는 긍정적(Bright), 부정적(Dark) 측면을 모두 가지고 있다. 이러한 긍정적·부정적 카리스마는, 리더가 갖고 있는 가치와 개인성향을 통해 알아볼 수 있다. 부정적 카리스마 리더는 개인화된 권력지향성을 갖는다. 그들은 내면화된 권력보다 개인적 일체감을 선호하며 구성원들의 이념에 호소한다. 중요한 의사결정을 하기 위해서, 리더는 모든 권력을 자신에게 집중시킨다. 이런 경우 리더는 보상과 처벌로써 구성원들을 통제한다. 이때 리더는 자신을 과장하거나 완벽한 사람이라는 이미지를 주고자 하며, 구성원에게 제한적인 정보만을 제공한다.[15]

① 카리스마 리더의 부정적 측면

카리스마적 리더에 대해 비판적인 입장을 보이는 학자들은 다음과 같은 논리를 주장한다. 카리스마 리더는 구성원들에게 매력적인 비전을 제시하기는 하지만, 이것이 구성원들로 하여금 비현실적인 기대를 갖게 할 가능성이 있다는 것이다. 거창하고 매력적인 프로젝트들은 그만큼의 위험을 내포하고 있기 때문에 실패할 확률도 높다. 또한 카리스마적 리더도 인간이기에 그 한계가 분명히 존재한다. 하지만 구성원들은 자신의 리더를 완벽하게 신뢰하기 때문에, 리더에게 절대적으로 의존하게 된다. 업무 및 의견에 있어서 구성원들은 리더와의 불일치를 두려워하고, 리더와의 의견 대립을 피하려는 성향을 보인다. 리더에 대한 경외감으로 인해 구성원들의 좋은 제안들이 발의되지 않게 되는 것이다. 또한 리더에 대한 구성원들의 비판적 기능이 발현되지 않는다. 결국 구성원들은 리더를 숭배하게 되는데, 이는 리더가 완전무결하다고 착각하기 때문이다. 이렇게 리더에게 절대적으로 의존하게 되면 유능한 후계자 양성이 어려워지고 이는 궁극적으로 리더십의 위기로 나타날 가능성이 높다. 카리스마 리더십의 핵심은 바로 추종자가 리더에 대해 카리스마를 느끼고 있다는 것인데, 인간으로서 리더가 범할 수 있는 실수와 같은 어떠한 사건이나 이유로 카리스마를 느끼지 못하게 되는 순간이 발생할 수 있다. 이때 구성원들은 리더와 성공에 대한 신뢰감이 떨어질 뿐만 아니라, 그 정도가 심한 경우 배신감까지 느끼게 될 수 있다.[16]

② 카리스마 리더의 긍정적 측면

긍정적 카리스마 리더는 사회화된 권력 성향을 지닌다. 리더는 개인화된 권력보다 사회 가치들의 내면화를 중시한다. 이러한 내면화는 개인들의 일체감보다 중시되는 요소가 된다. 구성원들은 의사결정에 참여할 수 있고, 정보는 개방된다. 리더는 조직의 지속적인 목표와 임무를 수행할 수 있도록, 보상을 통해 구성원들을 동기부여시킨다. 결과적으로 이러한 리더는 구성원들에게 보다 이익이 될 수 있다.[17] 긍정적 리더는 대체로 성취지향적인 조직 문화를 만든다.

자가진단

당신은 카리스마를 지니고 있습니까?

1. 나는 생각하는 데 다음의 방식이 편하다.
   a. 일반적인 방식
   b. 특징적인 방식

2. 나는 다음 사항을 고민한다.
   a. 현재의 경쟁
   b. 미래의 경쟁

3. 나는 다음에 초점을 둔다.
   a. 내가 놓친 기회들
   b. 내가 가진 기회들

4. 나는 다음을 선호한다.
   a. 과거에 성공을 이끌었던 절차와 전통의 장려
   b. 행동에 있어서 새롭고 독특한 방법의 제안

5. 나는 다음과 같이 질문하는 편이다
   a. 우리가 이 일을 어떻게 더 잘할 것인가?
   b. 왜 우리가 이 일을 해야 하는가?

6. 나는 다음을 믿는다.
   a. 위험을 최소화하는 방법은 항상 존재한다.
   b. 어떤 위험들은 매우 높은 편이다.

7. 나는 다음의 방법으로 사람들을 설득하는 편이다.
   a. 감정
   b. 논리

8. 나는 다음을 선호한다.
  a. 전통적인 가치와 사고방법의 존중
  b. 비형식적 믿음과 가치의 촉진

9. 나는 다음의 의사소통 매개를 선호한다.
  a. 문서화된 리포트
  b. 한 장의 차트

10. 나는 지금까지의 질문들에 대해서 다음과 같이 생각한다.
  a. 엉뚱하다.
  b. 매혹적이다.

각 질문에 대해서 카리스마 리더와 관련성을 갖는 답은 다음과 같다.
  1.a 2.b 3.a 4.b 5.b 6.a 7.a 8.b 9.b 10.b

Based on "Have You Got It?" a quiz that appeared in Patricia Sellers, "What Exactly is Charisma?" *Fortune*, Jan 15, 1996, pp. 68~75. The Original quiz was deviced with the assistance of leadership expert Jay Conger.

4-2 변혁적 리더십

변혁적 리더십(Transformational Leadership)의 개념은 정치적 리더들을 대상으로 1978년 제임스 번즈(James M. Burns)가 처음으로 제시했다. 번즈는 정치적 리더십의 과정을 거래적 형태와 변혁적 형태로 구별하였다. 거래적 리더십이란 교환 관계에 기초를 둔 것으로 상사는 부하가 바라는 것을 제공해줌으로써 부하의 행동을 유도하는 것이다. 반면에 변혁적 리더십이란 부하의 현재 욕구 수준을 중심으로 한 교환 교환 관계에 기초한 것이 아니고 부하의 욕구 수준을 높여 더 높은 수준의 욕구, 즉 두려움, 욕심, 질투 또는 시기가 아닌 자유, 정의, 평등, 평화 또는 인도주의에 호소하는 것이다. 따라서 리더가 구성원들로 하여금 자신의 이익을 초월하여, 조직의 이익을 위해 공헌하도록 동기부여하고, 구성원의 성장과 발전에 관심을 갖는 것이 번즈의 변혁적 리더십의 개념이다. 이후에 버나드 배스(Bernard M. Bass)는 번즈의 정치적 리더십 개념을 일반조직에 적용하여 상호독립적이지만 동시에 상호보완적인 거래적 리더십과 변혁적 리더십의 개념을 설명하였다. 거래적 리더십은 조직 구성원의 노력을 증대시키기 위해 적절한 보상을 제공하고, 그 보상의 강도를 높임에 따라 구성원의 노력도 증대될 것이라는 개념에 기초한다. 즉, 리더와 구성원 간에 교환이나 거래가 일어난다는 것이다.[18] 이러한 거래적 리더십의 개념과 대비하여 배스가 주장한 변혁적 리더십은 조직의 목표 영역을 증대시키는 데 초점을 둔다.[19] 거래적 리더십은 보상으로 구성원을 리드하고자 하지만, 변혁적 리더십은 거래적 리더와는 다른 개념으로 구성원을 이끈다.

1. 거래적 리더와 변혁적 리더의 비교

리더는 자신의 욕구보다는 부하의 욕구에 더 많은 관심을 기울인다. 리더는 이상적인 목표의 가치와 중요성에 대한 구성원들의 의식 수준을 끌어올린다. 또한 구성원들이 조직과 그들이 소속된 팀에서 그들 자신의 이익을 초월하게 만들며, 구성원들이 보다 높은 수준의 욕구에 대한 관심을 갖도록 유도한다. 이를 바탕으로 구성원의 관심을 조직의 목표와 발전에 맞추고 새로운 것을 창조하고 혁신을 하게 하는 리더십인 것이다. 기업은 그 나름의 목표를 가지고 있는데, 대체로 이는 기업의 발전과 생산성 향상 등과 같은 것이다. 하지만 그 기업의 구성원들은 개개인의 목표와 가치를 가지고 있고 이것이 조직의 목표와 항상 일치하는 것은 아니다. 만약 구성원들의 목표와 조직의 목표가 같다면, 개인적 차원, 그리고 조직적 차원에서 하나의 목표를 향해 나아갈 수 있기 때문에, 동기부여적 관점에서 많은 이점을 얻을 수 있을 것이다.

거래적 리더는 구성원의 성과와 보상 간의 교환관계를 성립시킨다. 즉 거래적 리더십은 구성원들의 업무 성과와 그에 따른 대가를 주고받는 형태라고 할 수 있다.[20] 이러한 거래적 리더가 효과적인 것은 리더가 바라는 것을 하는 것이 그 대가를 얻는 것이고 따라서 구성원에게 최대의 이익을 보장하기 때문이다.[21] 리더는 구성원의 관리에 있어서 예외적 상황이 발생할 때만 개입을 하는 예외에 의한 관리를 원칙으로 한다. 따라서 거래적 리더십의 구성요인으로는 상황적 보상과 예외에 의한 관리가 포함된다.

반면에 변혁적 리더는 현대 사회에서 기업은 생존과 성장을 위해 급변하는 환경에 적응하기 위해 노력해야 한다는 가정에서 시작한다. 이 가정은 곧 기업이 변화에 초점을 두고 있어야 한다는 것을 의미한다. 이러한 변혁적 리더의 행동으로 배스는 카리스마, 개인적 배려, 그리고 지적 자극의 세 가지를 들고 있다. 여기서 카리스마는 변혁적 리더십의 충분조건이긴 하지만 필요조건은 아니며 따라서 변혁적 리더십은 위의 세 가지 요소 모두를 포함하는 것이기 때문에 부하의 맹목적 복종을 사아내는 전통적 의미의 카리스마 리더십과는 구별된다.[22] 첫째, 카리스마는 변혁적 리더의 핵심 행동으로 강조되고 있으며, 이는 부하가 리더에 대해 어떻게 인식하고 행동하는가 하는 측면에서 정의될 수 있다. 즉 부하는 리더를 신뢰하고 리더의 가치관과 비전을 수용하고 지원하며 리더와 강한 감정적 유대를 형성하는데, 이를 통해 부하에게 열정, 신념, 충성심 그리고 자존심을 불러일으키고 자신과 자신의 목표에 대한 믿음을 불러일으킨다. 둘째, 개인적 배려는 부하의 개인적 욕구에 관심을 가지고 이를 파악하여 만족시킬 뿐 아니라 멘토링이나 코칭 등을 통해 부하의 욕구를 자극하고 높임으로써 부하를 개발하는 것이다. 셋째, 지적 자극은 부하로 하여금 업무수행의 낡은 방식에 대해 의문을 제기하고 새로운 방식을 사용하도록 지원하고 도와주며 부하 자신의 가치관, 믿음, 기대에 대해서뿐 아니라 리더나 조직의 그것에 대해서도 적절치 못하면 의문을 제기하도록 지원함으로써 부하의 문제해결 역량을 향상시킨다. 이러한 변혁적 리더는 조직 구성원에게 비전을 주입시키고 그들이 조직의 가치에 전념토록 하며 성공적으로 조직을 변혁시키는 것에 초점을 맞추고 있다는 점에서 앞서 언급한 카리스마 리더십과 그 맥락을 공유하고 있다.

변혁적 리더십을 카리스마 리더십과 좀더 차별화시키기 위해 배스는 변혁적 리더십의 구성요소에서 카리스마를 제외하고 이념적 영향 및 영감적 동기부여를 추가하여 변혁적 리더십의 행동을 네 가지로 재구성하였다. 배스는 변화를 담당하는 변혁적 리더의 행동을 다음과 같이 설명하였다.[23]

[표 4-4] 거래적 리더와 변혁적 리더의 행동[24]

거래적 리더	변혁적 리더
상황적 보상	이념적 영향
	개인적 배려
예외에 의한 관리	영감적 동기부여
	지적 자극

① 영감적 동기부여(Inspirational Motivation)

리더는 구성원을 열중시키고 결국 몰입하게 만든다. 리더가 갖는 미래의 비전은 현재와 다르게 설정된다. 비전은 바람직한 상태에 대한 미래의 관점이다. 비전의 촉진과 가치의 설정은 변혁적 리더십의 기초가 된다. 변혁적 리더는 가치를 공유하고 제도적인 목적을 설명하며 개척자가 되고 조직문화의 모델이 된다. 또한 리더는 구성원에게 높은 기대감을 표시하며, 구성원들 간에 공유된 비전을 실현하는 데 최선을 다하도록 동기를 유발한다. 이를 통해 리더는 구성원들의 의욕을 고무시킨다. 리더는 구성원들이 각자의 이익추구를 넘어서 조직의 구성원으로서 조직의 목표 달성에 초점을 맞추고 이를 위해 노력하도록 동기 부여시키기 위해 정서적으로 설득을 하거나 상징적인 행동을 한다.

② 지적 자극(Intellectual Stimulation)

지적 자극은 구성원이 창조적이고 혁신적으로 행동하도록 촉진한다. 리더는 문제가 생길 때 구성원이 새로운 아이디어와 방법을 찾고, 과거의 상황을 새로운 시각으로 접근하도록 한다. 이러한 리더는 적극적으로 새로운 아이디어를 탐색하고 구성원들로부터 창조적인 문제해결책을 찾는다. 구성원들의 아이디어를 곧바로 비판하지 않는다. 리더는 성실한 구성원들의 실수에 대해 매우 관대한 입장을 보이고 그들의 잘못을 공식적으로 꾸짖지 않는다. 이러한 변혁적 리더는 책임이 '누구'에게 있는가보다는 '무엇'이 문제인가에 초점을 맞춘다. 변혁적 리더 밑의 구성원들은 자신들에 대한 리더의 평가에 자유로움을 느낀다. 변혁적 리더는 비록 그들이 처음으로 만든 시스템이나 업무라 할지라도 더 이상 유용하지 않으면 기꺼이 포기한다. 리더는 구성원의 사고력과 합리성을 고취시키고, 합리적으로 문제를 해결하도록 유도한다. 또한 구성원들이 개인적인 성장을 이룰 수 있도록 그들의 요구를 파악하고 임무를 부여하며 그 임무를 달성할 수 있도록 아낌없는 지원을 한다. 그리고 리더는 구성원들의 창의성과 혁신성을 자극하고, 그들이 그들 자신의 신념과 가치뿐만 아니라, 리더와 조직의 신념과 가치도 새롭게 바꿔나가도록 한다. 이를 위해 리더는 구성원들이 조직의 문제를 다루는 데 있어서, 혁신적인 방법을 개발하고 새로운 접근을 시도하도록 지원한다.

③ 이념적 영향력(Idealized Influence)

리더는 구성원들에게 좋은 역할모델(role model)이 된다. 구성원들은 리더와 동일시하고 리더의 행동을 본받으려고 한다. 리더는 매우 높은 도덕적, 윤리적 행동기준을 가지고 있으며, 항상 올바른 일을 하는 것으로 간주되며, 구성원에게 존경과 신뢰를 받는다. 리더는 구성원에게 항상 비전과 사명감, 그리고 바람직한 가치관, 존경심, 자신감을 심어준다. 또한 미션과 비전을 제시하여 구성원에게 열정, 신념, 충성심을 불러일으킨다. 구성원은 자신과 자신의 목표에 대한 믿음을 갖게 된다. 이념적 영향력은 구성원들을 경쟁시키고 모범이 되도록 노력시키는 변혁적 리더의 행동을 반영한다. 구성원들은 이런 리더를 신뢰하고 존경하게 된다. 구성원들은 그들이 옹호하는 비전과 가치뿐만 아니라 인간적으로도 리더에게 일체감을 느낀다. 구성원들의 목표는 개인적으로도 의미를 갖는다. 이러한 개인적 의미의 목표가 구성원들로 하여금 이를 성취하고 싶은 마음을 갖게 되거나, 성취를 통해 구성원 스스로가 보람을 얻는 데 도움이 된다. 결국 구성원들은 부수적인 보상과 금전적 보상 때문만 아니라, 보다 나은 성취로부터 얻을 수 있는 본질적인 보상을 위해 노력을 하게 된다. 이념적 영향력을 통해 리더는 높은 공감대를 형성하고 구성원들에게 지지를 받게 된다. 또한 변혁적 리더는 개인적 이익을 위해서는 최소한의 권력만을 사용하지만 조직의 목적달성에 대해서는 비전을 향해 팀과 개인이 움직일 수 있도록 전문성, 합법성, 보상, 지시, 강제와 같은 권력의 모든 자원을 사용하기도 한다.

④ 개인적 배려(Individualized Consideration)

개인적 배려는 변혁적 리더가 개별적인 구성원들의 성취와 성장에 대한 욕구에 특별한 배려를 제공하는 것을 의미한다. 변혁적 리더는 코치, 멘토 등의 역할을 수행하는데 이를 통해 구성원들이 잠재력을 높은 수준으로 개발하도록 지원한다. 변혁적 리더는 의사결정에 있어서 구성원들에게 권한을 위임한다. 동시에, 구성원들이 원하는 지원과 지도, 그리고 이에 따른 결과를 평가하고 모니터한다. 구성원들은 리더를 신뢰하며, "리더가 나의 실수에 주목해서 나에게 도움을 주려고 노력한다"고 생각하게 된다. 리더는 부하들을 항상 관심 있게 지켜보며 개인적으로 코치하고 조언한다. 리더는 기존의 합리적 틀을 뛰어넘어 보다 창의적인 관점을 개발하도록 격려하여, 구성원의 문제해결 역량을 향상시킨다. 또한 구성원들의 개인적인 욕구에도 세심한 관심을 기울이고, 지원적 분위기를 조성하는 리더십으로, 구성원들이 자기가 맡은 일에 익숙해지도록 돕는 코치와 조언자로서의 역할을 수행한다. 리더는 구성원 개개인을 돌보는 데 시간을 할애한다. 리더는 구조적이고 구체적인 지시를 내리지만 구성원과 강한 유대감도 형성한다.

2. 티치와 드바나의 변혁적 리더십 모형[25]

노엘 티치(Noel M. Tichy)와 메리 앤 드바나(Mary Anne De Vanna)는 조직이 어떻게 변화하고, 리더들이 그 변화의 과정을 어떻게 관리하는지에 관심을 두었다. 기술적, 사회·문화적으로 환경은 급속하게 변화하고 있다. 또한 세계 경제의 개방화 등으로 인해 기업의 경쟁은 더욱 심화되고 있다. 티치와 드바나는 이러한 환경에 대한 리더의 대처방식을 통해, 변혁적 리더의 특징을 설명한다. 티치와 드바나에 의하면, 변혁적 리더는 먼저 변화의 필요성을 인식하고, 환경에 적합한 비전을 만든 후에, 이에 적절한 새로운 조직구조로의 변화를 이끌어 간다. 이러한 3단계 행동 과정(three-act process)을 통해 리더는 조직의 변화를 관리하게 된다.

행동 과정의 1단계는 변화의 필요성 인식이다. 조직과 구성원들은 일반적으로 현재의 상태에 만족하고, 변화에 저항하는 경향이 있다. 특히 기존의 시스템 내에서 권력을 가지고 있거나, 어느 정도의 성과를 내고 있는 상황이라면 더욱더 변화의 필요성을 느끼지 못하게 된다. 그러나 변화하는 환경에서 조직의 변화는 필수적이다. 이에 리더는 조직 구성원들이 변화를 수용할 수 있도록 다양한 방안을 제안해야 하며, 구성원들로 하여금 변화와 관련된 의견을 제시할 수 있도록 해야 한다. 즉, 단순히 변화의 세력만을 키우는 것이 아니라 변화의 저항세력을 줄이는 일도 함께 해야 한다. 이를 위해서는 모든 구성원들에게 변화의 필요성을 인식 및 이해시키는 것이 중요하다.

행동 과정의 2단계는 비전을 만드는 것이다. 비전은 조직이 미래에 나아갈 방향에 대한 개념적인 로드맵의 역할을 한다. 비전은 리더 혼자서 만드는 것이 아니다. 비전은 조직 내의 다양한 구성원들의 관점과 시각들, 그리고 환경을 결합하여 만들어야 한다. 비전은 리더와 구성원 간의 공유가 중요하기 때문에 그 내용과 가치가 무엇인지를 명확히 해야 할 것이다.

마지막 3단계는 변화를 실행하고 제도화하는 것이다. 리더는 기존

[표 4-5] 티치와 드바나의 행동 과정[26]

핵심 내용	행동 과정
1. 변화에 대한 필요성 인식	환경의 변화와 징조에 대한 감성 반응성을 증가시켜라. 포착하기 힘들거나 급진적인 환경의 변화에 반응하라. 환경의 모니터링을 위해 다른 대안의 전략들을 사용하라.
2. 새로운 비전의 창조	모든 구성원들이 미래지향적인 성향을 갖도록 촉진하라. 다른 사람들을 모두 수반하라. 경제적 부분뿐만 아니라 이념적인 부분을 표현하라.
3. 변화실행 및 제도화	변화에 대한 절박한 감정을 경영에 스며들게 하라. 구성원들의 자각과 기대를 끌어올려라. 구성원들이 변화의 필요성을 이해하도록 도와라. 구성원들의 긍정적 사고와 자신감을 증가시켜라. 임시변통의 해결책을 회피하라. 변화에 대한 저항의 감정적 요소들을 인지하고 처리하라.
	위대한 행동을 통해 구성원들을 강화시키고 가능성을 부여하라. 구성원들이 새로운 비전을 스스로 달성할 수 있게 도와라. 구성원들이 자신의 이익 이상의 것을 보도록 도와라. 평가 절차와 보상 시스템을 변화시켜라. 팀 빌딩에 대한 조절과 개인적 변화에 필요한 권한을 부여하라. 이러한 과정을 모니터하도록 특별한 태스크 포스를 구성하라.

의 조직구조를 해체하고, 새로운 조직구조를 정립하여 변화를 실행한다. 리더는 이러한 변화의 실행을 위해 새로운 아이디어를 실행할 수 있는 구성원들을 찾아내고, 그들의 지원을 받아야 한다. 또한 기존의 구조를 해체하고 새로운 비전을 실천하는 데 적합한 구성원들을 찾아내고 그들과 함께 변화를 실행해야 한다. 또한 모든 구성원들이 변화

된 조직에서 새로운 역할을 찾도록 도움을 주어야 한다. 결국 변혁적 리더는 구성원들에게 변화를 인식시키고, 적절한 업무를 부여하고, 이에 적절한 조직구성을 이루어 변화를 제도화해야 한다.

3. 코터의 변화 리더십

하버드 경영대학의 교수인 존 코터는 그의 저서 『변화의 리더』에서 기업의 경영 혁신이 실패하는 원인과 변화(기업의 혁신)를 성공시키는 방법을 이야기하고 있다. 그가 말한 여덟 가지 실패 요인과 성공적인 경영 혁신을 위한 여덟 가지 단계를 비교해 보면 다음과 같다.[27]

[표 4-6] 변화 리더십의 성공을 위한 8단계

실패 요인	성공을 위한 8단계
자만심 방치	**1단계 : 위기감 조성** 시장 및 경영 환경을 분석하여 현재와 미래의 위기 및 사업 기회 요인을 파악하고 검토한다. 조직 내 위기감은 곧 변화의 필요성을 의미하게 된다.
혁신을 이끌 강력한 팀의 부재	**2단계 : 혁신 선도팀 구성** 영향력 있는 사람들을 모아 경영 혁신을 주도할 팀을 구성하고 그 팀의 조화를 유도한다. 아무리 뛰어난 리더라 할지라도 한 명이 모든 것을 해결할 수는 없다. 팀에서는 구성원 간의 신뢰와 공동목표가 팀워크의 중심이 된다.
5분 안에 설명할 수 있는 비전이 없다.	**3단계 : 비전 및 전략의 개발** 경영 혁신의 방향을 제시하기 위해서 비전을 개발하고, 이 비전을 토대로 구체적 전략을 개발해야 한다.

비전을 전사적으로 전파하지 못한다.	**4단계 : 새로운 비전의 전파** 모든 방법을 동원하여 새로운 비전과 전략을 널리 알려야 한다. 그리고 비전은 모든 구성원이 이해할 수 있도록 명확해야 하고, 실현 가능해야 한다. 변화의 대상은 모든 구성원이지 리더나 혁신 팀만이 아니다.
방해물, 특히 무사안일주의 관리자를 방치해둔다.	**5단계 : 권한위임 및 임파워먼트** 비전 실현에 걸림돌이 되는 조직구조나 시스템을 변경한다. 타성에 젖은 습관이나 보수적 세력 등이 변경대상이 될 수 있다. 그리고 위험부담이 있을지라도 새로운 아이디어나 행동 및 활동을 권장한다. 변화를 반대하는 세력을 파악하고 이를 축소시키거나 변화 세력에 권한을 위임하여 변화를 주도한다.
단기간에 가시적인 성과를 보여주지 못한다.	**6단계 : 단기적 성공 사례 도출** 가시적인 성공 사례를 의도적으로 계획하고 이것을 성공시킨 사람들을 여러 사람들 앞에서 보상한다. 한 번에 너무 많은 것을 얻기는 힘들다. 단기적인 성과는 보다 장기적이고 거시적인 목표를 향해 나아가는 힘이 될 수 있다.
샴페인을 너무 일찍 터뜨린다.	**7단계 : 지속적 혁신 및 혁신의 가속화** 단기적인 성공 사례를 통해 신뢰를 얻는다. 이를 바탕으로 비전에 맞지 않은 시스템, 조직구조, 운영 정책 등을 개혁한다. 또한 단기적인 성과에 만족하고, 다시 안주하기 이전에 새로운 비전을 성공시킬 수 있는 사람을 채용, 개발, 승진시킨다. 그리고 새로운 프로젝트를 추진하고 새로운 혁신 세력을 등장시켜 지속적이고 장기적으로 분위기를 유도한다.
새로운 제도를 조직문화로 승화시키지 못한다.	**8단계 : 기업 문화 차원으로 변화를 정착** 새로 도입한 행동 규범과 그로 인한 성과의 관계를 명확히 규명한다. 즉, 효과가 있다는 것을 입증하는 것이다. 이를 토대로 고객 만족, 생산성 향상 우선주의, 효과적인 리더십, 합리적 경영자 승계제도 정착 등 긍정적이고 발전적인 방향의 제도를 기업문화로 정착시키도록 한다.

변화의 리더는 표에 나타난 혁신 실패 8가지 요인과 성공을 위한 8단계를 파악하고, 자신의 조직 상황에 맞게 활용해야 한다. 이는 조직마다 처한 경영환경이 다르듯, 그들이 처한 위기나 기회 역시 다르기 때문이다. 리더는 위기를 피하고, 기회를 잡기 위해 어떠한 비전을 제시할지 고민해야 한다. 그리고 이를 위한 팀을 구성하고, 그들이 제대로 움직일 수 있도록 지원해야 한다. 또한 단기적인 성과를 통해 장기적이고 거시적인 목표를 달성하도록 노력해야 한다. 이렇듯 혁신을 위한 노력과 결과는 단 한 번에서 끝나는 것이 아니라, 보다 지속적이고 장기적이 될 수 있도록, 기업의 문화로 정착시켜야 한다.

4-3 셀프/슈퍼 리더십

탈무드에 '물고기를 주는 것보다 잡는 법을 가르쳐라'라는 말이 있다. 즉, 조직에서 필요한 업무나 해결해야 할 문제를 리더가 모두 해결하고, 구성원에게 단순히 지시하는 것이 물고기를 주는 것이라면, 구성원 스스로가 문제를 해결하도록 돕는 것이 물고기를 잡는 법이라 할 수 있다. 이렇게 물고기를 잡는 법을 가르치는 것이 슈퍼 리더십의 기본적인 개념이다. 슈퍼 리더십은 조직 내 리더나 그 외의 관리직뿐만 아니라 보통 사람, 즉 모든 구성원들도 리더와 같이 좋은 성과를 낼 수 있고, 충분한 잠재력을 지니고 있다는 낙관주의에서 출발한다.[28]

찰스 만즈(Charles C. Manz)와 헨리 심스(Henry Sims Jr.)는 통제 중심의 리더 행동이 구성원들의 자율통제로 대체된다는 셀프 매니지먼트 이론을 제시했다. 이는 구성원들의 행동을 관리하는 리더의 행동을 구성원들의 자율적 통제로 대체할 수 있다는 것이다. 여기서 자율통제란 단순히 업무를 수행하는 내용과 책임에 대한 부분만을 의미하는 것이 아니라, 업무에 대한 관리적 측면에서의 책임도 포함한다. 만즈와 심스는 이러한 셀프 매니지먼트의 개념을 바탕으로 구성원을 통제하는 것이 리더의 관리나 규범과 같은 외적인 요소가 아니라 구성원 자신이라는 내적인 요소로 가능하다는 점을 강조하면서, 외재적 보상이 아닌 내재적 보상을 강조하는 셀프 리더십으로 발전시켰다.

셀프 리더십 이론은 관리와 리더십의 개념이 구별되면서 셀프 매니지먼트 이론이 발전된 것이다.[29] 즉 셀프 메니지먼트의 목적은 조직이 외적으로 정의한 운영기준에서 벗어나지 않도록 하는 것인 데 비해 셀프 리더십은 셀프 메니지먼트를 포괄하지만 자아규제 또는 자아통제의 프로세스를 내적으로 발생한 보다 높은 기준에 맞춤으로써 셀프 메니지먼트를 대체할 수도 있다는 것이다. 또한 셀프 메니지먼트는 일과는 구별되면서 그것을 완수하면 받는 보상을 강조하지만 셀프 리더십은 직무관련 행동을 수행하면서 따라오는 내재적 보상을 강조한다. 따라서 셀프 메니지먼트는 조직이 정한 기준에 맞추기 위해 어떻게 일을 완수할 것인가에 대해 스스로 영향력을 행사하는 것인 반면 셀프 리더십은 어떻게 말고도 무엇을 왜 해야 할 것인가를 포함한다.

셀프 리더십이란, 조직 구성원들이 스스로를 리드하는 것을 의미한다. 즉, 구성원이 스스로의 목표를 갖고, 이를 달성하는 데 필요한 능력을 갖추도록 노력하며, 그 결과에 따라서 만족하거나 반성하고 보다 나은 방향으로 나아갈 수 있도록 한다는 것이다. 이에 따라 구성원

[표 4-7] 셀프 매니지먼트와 셀프 리더십

	내용	보상
셀프 매니지먼트	불확실한 기술이나 유기적 조직 구조의 상황에서 강화요인을 통제하던 리더의 행동이 구성원의 자율통제로 대체. 조직이 외적으로 정한 운영기준이 존재한다.	외적 보상에 대한 자기관리
셀프 리더십	조직 내적으로 발생한 보다 높은 기준에 맞추는 개념. 즉 조직에서 정한 기준을 어떻게 달성할 것인가 외에 무엇을 왜 해야 하는가에 대한 내용도 포함한다.	내적 보상을 강조

들은 주인의식 및 보다 강한 책임감을 갖게 된다. 기존의 리더와 구성원의 관계에서, 구성원은 리더의 명령과 지시에 의해 행동을 한다. 하지만 셀프 리더십은 자율적으로 판단하고 행동하는 특징을 지닌다.

이러한 셀프 리더십을 각 구성원들이 갖도록 하는 것이 슈퍼 리더십이다.[30] 슈퍼 리더십이란 단어만 들으면 모든 것이 완벽하고 뛰어난 리더라고 오해할 수 있겠지만, 슈퍼 리더십은 셀프 리더십에 대한 새로운 개념의 리더십이다. 슈퍼 리더십은 부하들이 스스로 리드해나갈 수 있도록 만들고 지원하는 리더십을 의미한다. 리더가 일시적으로 조직에 없을지라도 그 조직이나 집단이 정상적으로 운영되도록, 구성원이 스스로 리드하고 자율적으로 일할 수 있게 지원하며 촉진할 수 있어야 한다. 즉 구성원들에게 자율적 리더십을 함양시켜야 하는데, 먼저 구성원들에게 교육을 실시하여 기존의 리더십이나 부하들의 생각을 변화시키는 것이 중요하다. 여기서 핵심은 구성원들이 자신을 철저히 관리하는 행동, 즉 셀프 리더십 스킬을 개발하게 하는 것이다.[31]

부하들이 셀프 리더로서의 역량과 사고방식을 갖도록 도와주고 지원해주는 슈퍼 리더가 되기 위해서 상사는 스스로 셀프 리더십의 모델이 되어 부하들이 관찰을 통해 이를 본받을 수 있도록 해야 할 뿐 아니라 부하들이 셀프 리더가 될 수 있도록 유도하고 격려해주어야 한다. 부하들이 주도적으로 행동하고 스스로 문제해결을 하도록 격려하며 팀웍을 촉진시킨다. 또한 일방적으로 부하에게 목표를 부과하기보다는 부하들이 스스로 목표를 설정하고 목표달성정도를 관찰하며 스스로 보상하도록 장려한다. 또한 부하들이 스스로 기회를 찾도록 도와주며 일 자체로부터의 자연적인 보상을 찾아 내재적으로 동기부여되도록 유도하고 칭찬이나 인정 등을 통해 직무에 대한 자신감을 높여준다.

이러한 슈퍼 리더십을 통해 상사는 부하들이 주인정신에 기초하여 감정적으로 몰입하도록 만들며 따라서 만일 기회만 주어진다면 보통의 사람들이 보통 이상의 특별한 일을 해낼 수 있도록 만드는 것이다. 이는 부하를 도구적인 측면이 아니라 인간이라는 본질적인 측면에 초점을 맞춤으로써 가능한 것이다.

만즈와 심스는 다음의 방법을 통해 셀프 리더십의 스킬을 개발할 수 있다고 이야기한다.[32] 첫째는 업무수행 및 결과에 대해 팀 구성원들 상호간 격려하는 자기강화(self reinforcement)이다. 구성원들은 스스로가 리더가 되어, 자신의 업무 결과를 판단하고, 보다 효율적인 성과를 내기 위해 서로 돕는다. 이를 통해 스스로가 보다 높은 업무성과를 내기 위해 노력하는 자기강화가 나타난다.

둘째, 자기관찰과 자기평가(self observation/evaluation)가 필요하다. 즉, 구성원이 자신의 능력에 대한 장점과 단점을 파악하고, 장점은 살리며, 단점은 보완해나갈 수 있도록 자신을 스스로 관찰하고 평가해야 한다.

셋째는 구성원이 자신 및 팀의 성과 목표에 대한 기대수준을 더욱 높게 올리도록 하는 자기기대(self expectation)이다. 성과와 목표에 대해, 구성원들은 노력을 통해 해낼 수 있다는 자신감을 가져야 한다.

그리고 넷째는 자기목표의 설정(self-goal setting)이다. 목표는 명확하고, 적정 수준의 것이어야 한다. 너무 어렵거나 쉬운 목표보다는 도전적이고 수행 가능한 목표를 정해야 한다.

다섯째는 이러한 목표달성 행동을 실행하기 위한 사전연습(encourage rehearsal)이다. 구성원은 자신의 목표를 완수하기 위해 필요한 능력이나, 행동들을 미리 생각하고, 머릿속으로 실행해나가는 과정을 그려본다. 마지막으로 자기비판(self-criticism)을 통해 부족한 점을 보완해야 한다. 이러한 방법으로 구성원들은 셀프 리더십을 함양할 수 있게 된다. 이러한 내용을 바탕으로 만즈와 심스는 셀프 리더십을 개발하기 위한 보다 자세한 세 가지 전략을 다음과 같이 제시하였다.[33]

1. 행동에 초점을 둔 접근

리더의 행동과 자기훈련적인 성향에 초점을 둔다. 쉽거나 편하진 않지만, 필요한 업무에 대해서 스스로의 전략을 가지고 관리한다. 우리는 스스로의 행동과 원인을 관찰함으로써, 왜 우리가 바람직한 혹은 그 반대의 행동을 하는지 알게 된다. 그리고 이렇게 관찰된 정보를 통해 우리는 스스로를 보다 효과적으로 관리할 수 있게 된다.

㉮ 스스로 맡아서 하는 전략은 곧 스스로의 관찰에서 시작된다고 할 수 있다.

㉯ 스스로 목표 설정하기

우리는 개인적 목표를 설정함으로써 셀프 리더십을 관리할 수 있다. 우리는 행동에 영향을 주는 이유들뿐만 아니라, 장기적 관점에서의 삶의 성취를 이루기 위해 노력한다.

㉰ 자기보상

우리의 성취를 이끌어내는 가장 강력한 방법 중 하나가 자기보상이다. 우리는 신체·정신적 수준 모두에서 스스로에게 보상함으로써 우리의 행동에 긍정적인 영향력을 행사할 수 있다. 자기보상은 스스로에게 동기부여를 하는 방법 중 하나다.

㉱ 자기처벌

습관적인 자기비판적 자세는 동기부여와 창의력을 저해한다. 습관적인 자기처벌적 내용인 비판적 자세를 감소시켜라.

㉲ 단서들의 활용

자신의 중요한 업무를 생각나게 할 긍정적 단서들을 사용하라. 매일 해야 할 활동들의 우선순위를 만들고 업무 환경에서 부정적인 단서들을 감소시키거나 없애도록 하라.

㉳ 사전연습

우리는 사전연습을 통해 성취와 관련된 무엇인가를 실행하기 전에 문제점들을 간파하여 수정하고, 비용적인 문제를 피할 수 있다.

2. 본질적 보상 접근

사람들은 본질적 보상의 가치를 위해 몰입하고, 그 자체를 믿으며 즐긴다. 그래서 본질적 보상은 구성원의 업무에 높은 성취를 이끌어내는 긍정적 일체감을 창조한다. 업무 자체에서 자신이 본질적으로 즐기는 부분들을 설명하고, 본질적인 보상 업무를 찾아내라.

㉮ 업무와 관계된 보상

자신이 일상생활에 하는 행동들 속에서 보다 즐거운 부분들을 만들어내, 셀프 리더십을 향상시켜라. 그리고 자기 업무의 본질적인 보상들을 생각해보라.

㉯ 사고(생각) 스타일과 관계된 보상

자기 업무의 즐거움을 확인하고, 당신이 일하는 동안에 업무는 보다 즐거운 부분에 초점을 맞추도록 하라

업무에 대한 본질적 보상들은 감정적 이익이나 동기부여를 제공한다. 이는 구성원들이 업무에서 어려운 부분들을 피하거나 무시하기보다는, 이를 해결하는 데 초점을 두게 한다. 이 두 전략들은 보다 성취지향적인 셀프 리더십을 형성하고 이에 맞게 행동하도록 한다. 또한 이 두 전략은 상호간에 보완적인 역할을 수행한다. 만약 셀프 리더십을 연습한다면, 우리는 행동을 즐겁게 할 수 있을 것이다. 그리고 성공을 위해 우리에게 필요한 동기부여를 스스로 이끌어낼 수 있게 된다. 이 방법은 바람직한 방법들의 패턴을 확립하거나 개선하는 데 집

중하고, 보다 장기적인 관점에서의 셀프 리더십과 관계를 갖는다.

3. 구조적 사고패턴 접근

다음에 나오는 4개의 정신적 전략을 통해서, 우리의 사고구조를 바꿀 수 있다. 이를 바탕으로, 우리는 건설적인 심리구조를 만들어낼 수 있다.

㉮ 자신의 신념 구조를 개선하라.

자신의 행동과 느낌에 중대한 영향을 주는 신념들과 관계된 업무가 무엇인지 확인하고, 자신의 활동과 느낌에 긍정적, 부정적 영향을 주는 신념에 대해 스스로 질문하라.

㉯ 바람직한 성취를 촉진할 수 있도록 상상력을 가져라.

'자신이 상상하는 것들이, 자신의 도전적 업무의 긍정적 혹은 부정적 결과에 초점을 두고 있는가?' '자신이 상상하는 것들이 당신의 믿음과 성취를 촉진 혹은 방해하는가?' '자신이 상상하는 것들이 실제로 존재하는가?'와 같은 질문으로 상상을 구체화하라.

㉰ 발전을 위해 독학하라.

'자신의 자문자답과 상상력이 건설적인가?' '이것이 나의 성취에 대해 동기부여가 되는가?'와 같은 질문을 통해 이를 내면화하고, 스스로 훈련하고 동기부여하라.

㉱ 새롭게 개선된 스크립을 이용하고 학습하라.

현재 스크립된 내용들을 연구하라. '중요한 상황에 직면했을 때, 당신은 무엇을 습관적이고 지속적으로 하는가?' '자신이 어떻게 행동해야 하는지, 머릿속으로 무엇을 그려보는가?

4. TSL(Thought Self Leadership)[34]

TSL은 구성원이 스스로에게 영향을 주어 셀프 리더십을 갖도록 하는 방법이다. TSL을 통해 조직의 구성원들의 정신적 성과와 열정, 업무 만족 등이 증가하게 된다. 또한 그들은 자신감과 조직에 대한 긍정적인 사고를 가지게 된다.[35] TSL은 개인이 자신과 대화를 한다거나, 정신적이고 인지적인 방법을 통해 자신의 사고방식을 변화시키는 방법이다.

이러한 TSL은 다음의 3가지 기법을 통해 이루어진다. 첫번째는 신념과 가치관의 관찰 기법이다. 리더는 자신의 신념과 가치관을 스스로 관찰한다. 기존의 자신에 대해 관찰된 부분들을 평가하고, 변화시킬 부분을 파악하고 개선하게 된다.

둘째, 언어반복에 의한 자기암시법이다. 리더는 '나는 이 일을 성공적으로 수행할 수 있다'와 같이 자신이 지향하는 모습이나 긍정적 태도 등을 반복하여 말한다. 이를 바탕으로 자신감을 갖게 되는 것인데, 여기에서 언어는 말하는 것은 물론, 마음속으로 되뇌는 것도 포함된다.

마지막으로 상상에 의한 자기암시법이다. 리더는 자신이 해야 할 일, 행동 등을 미리 마음속으로 연습한다. 마음속으로 연습한다는 것은 상상을 의미한다. 먼저 자신에게 부정적 감정을 가지고 있는 상사나 동료, 부하들을 어떻게 대할 것인지를 구체적으로 상상해본다. 그리고 그들이 자신에게 호감을 갖는 모습을 지속적으로 상상한다. 리더는 타인과 보다 긍정적인 관계를 가질 수 있고, 성공할 수 있다는 자신감을 갖게 된다.

TSL은 이러한 세 가지 방법을 통해 셀프 리더가 될 수 있다는 것이다. TSL 방법을 활용한 사람들은 지향하는 태도나 모습으로 변화되어 가는 것은 물론, 주변 상황이나 여건도 호전된다. 구성원은 개인의 정신적 심상(자기암시, 자기관찰)과 자기대화라는 특별한 인지적 전략을 사용하여 스스로에게 영향을 줄 수 있고 스스로를 리드할 수 있게 된다. 이를 통해 조직의 성과와 개인의 능력을 향상시키려는 것이 TSL의 목적이다.[36]

[표 4-8] TSL 기법

신념과 가치관 관찰기법	자신을 평가. 변화시킬 부분을 파악하고 개선
언어반복에 의한 자기암시법	성공적 방향에 대해 할 수 있다는 언어적 반복
상상에 의한 자기암시기법	요구되는 업무와 행동 등에 대해 긍정적 상상

읽을거리

"기품 있죠."

"재주가 많은 데도 원칙을 지키는 인물."

"외유내강."

대통령도 국회의원도 아닌, MBC TV 사극 '대장금'에 나오는 한 상궁(양미경 분)에 대한 네티즌들의 평이다. 우리 국민 둘 중 한 명이 본다는 인기 드라마의 주인공은 분명 장금(이영애 분)이다. 헌데 장금이를 훌륭한 궁중인으로 이끌어주는 '직장 상사' 역의 한 상궁이 더 인기다. '러브한상궁' '양사모' 같은 인터넷 팬 카페가 생겨나고 방송사 게시판에도 그녀에 관한 글이 빽빽이 올라와 있을 정도다. 시청자들은 무엇 때문에 조연에 불과한 그에게 주목하는 걸까. 중견 탤런트 양미경의 완숙한 연기가 한 원인이 됐을 게다. 하지만 무엇보다 극중 한 상궁의 행동이 너무나 반듯하고 깔끔해 이상적인 '상사'의 모습으로 다가온다고들 한다. 자유방임형, 독재형, 거래형, 카리스마형 등… 리더십에는 여러 유형이 있다. 한 상궁은 1980년대 조직행동학계에서 정립된 '슈퍼 리더'(super leader)를 닮았다. 비전형, 혁신주도형 리더로도 불리는 이 유형은 부하들이 자신의 욕구를 조직 발전에서 찾도록 인도하고 자극하는 스타일이다. 학자들은 슈퍼 리더가 갖춰야 할 세 가지 조건으로 ▶ 비전 제시 ▶ 신뢰 확보 ▶ 자기 혁신 등을 꼽는다.

한 상궁은 나인인 장금에게 궁중 최고 조리사가 되라는 비전을 던진다. 그러면서 목표를 이룰 수 있도록 엄하게 가르친다. 그녀는 '부하'에게 전폭적인 신뢰도 보인다. 최대 라이벌인 최 상궁과 최고 상궁 자리를 놓고 요리 경합을 벌일 때 장금의 미각이 일시 마비돼 간을 맞추지 못한다는 사실을 알고도 기꺼이 그를 보조조리사로 택한다. 한 상궁은 또 새로운 조리법을 찾아내기 위해 끊임없이 노력한다. 특히 "재(才)는 독(毒)이요, 진짜는 정성"이라면서 정도(正道)를 강조한다. 조만간 그녀는 최 상궁의 모함에 빠져 처형될 운명이라고 한다. 이를 아는 팬들이 방송사에 "한 상궁을 죽여선 안 된다"는 '청탁'을 넣고 있다. 극성팬은 방송사 게시판에 이런 글까지 남겼다. "차라리 장금이를 죽여라." 말만 앞세우고 발뺌만 하는 정치판, TV가 아닌 실제 세상에서 '한 상궁'형 지도자의 출현은 정녕 불가능한 건가.

— 중앙일보 2003년 11월 14일자

4-4 새롭게 대두되는 리더십

1. 임파워먼트 리더십

임파워먼트(Empowerment)는 주다란 의미의 'em'과 권력이란 뜻의 'power' 결합된 말로, 조직에서 권력을 위임하는 것을 의미한다. 여기서 권력 위임이란 단순히 권한을 준다기보다 구성원이 가지고 있는 능력을 신뢰하는 데서 출발하여 신뢰를 바탕으로 구성원의 능력과 잠재력을 키워주는 방법이라 할 수 있다. 즉, 임파워먼트는 구성원들에게 자신들이 수행하는 과업을 스스로 관리할 수 있는 기회를 제공하는 개념인 것이다.

산업화 사회의 기업은 계층구조를 이루고 중앙집권적이며 위로부터의 통제를 강조하였다. 따라서 관리자의 역할 또한 종업원의 일을 정의하고 구조화하며 중요한 의사결정을 하고 평가를 하고 보상을 주는 것에 초점이 맞춰져 있었으며 종업원은 주어진 일을 제대로 수행할 책임을 가지고 있었다. 그러나 정보화 시대의 경영환경에 대응하기 위해 계층적 통제중심의 조직에서 벗어나 수평적이고 자율적인 조직으로 전환하게 되었고, 그 조직의 핵심으로 팀, 좀더 구제적으로 표현하면, 임파워드팀 또는 자율적 경영팀이 강조되었다. 위트리(M. Weatley)에 따르면, 조직을 기계적으로 보는 산업화 시대의 관점은 구성원들을 마비시키는 통제 메커니즘에 기반을 두고 있는데 이러한 통제 중심적 생각은 실패했다. 반면에 자율적 경영팀은 어떤 현태의 조직화보다 더 생산적이다.[37] 이러한 임파워드팀 또는 자율적 경영팀의 리더에게 필요한 능력이나 행동에 초점을 맞추고 있는 것이 임파워먼트 리더십이다.

임파워먼트 리더십은 전통적인 통제와 명령과 지시에서, 자율중심적 개념에 기초한 인식으로 전환한다. 구성원의 자율성을 강조하고, 권력 및 정보 공유를 통해 부하를 의사결정에 참여시킨다. 이는 앞에서 말한 바와 같이 단순한 권한 위임이나 참여적 리더십이라기보단, 구성원의 능력을 향상시키고, 그에 대한 자신감을 갖게 하여 동기부여하는 것이다. 권한위임, 정보제공, 의사결정 참여 및 자신감부여 등의 방법을 통해, 구성원 입장에서 임파워먼트가 되었다는 것을 강조해야 한다.

이러한 관점과 같은 맥락에서 학자나 실무자들은 다양한 임파워먼트 리더십 행동을 제시하고 있다. 예를 들면 벨트하우스(B. A. Velthouse)는 임파워먼트를 내재적 동기부여로 보고 자신의 노력이 과업의 결과에 미치는 영향, 주어진 직무를 능숙하게 처리할 수 있는 능력, 자신의 목표를 기준으로 한 직무에 대한 의미감, 그리고 스스로 직무를 선택할 수 있는 능력의 네 가지 인지 셋(set)으로 정의하였다.[38]

스프라이처(G. M. Spreizer)는 토마스(K. W. Thomas)와 벨트하우스

의 개념적 정의에 기초하여 실증연구를 통해 심리학적 임파워먼트의 네 가지 요소로 의미감, 자기결정력, 능력자신감, 그리고 영향력을 제시하였다.[39] 그리고 이 중에서 가장 중요한 요소로 자신감을 들고 있다. 이러한 임파워먼트는 환경의 변화로 조직 구성원의 주도적 역할과 창의성이 강조되고, 자율성과 같은 자기 통제력의 증대가 필요해짐에 따라 그 중요성이 나타나게 되었다. 이에 임파워먼트 리더십은 기본적으로 리더가 갖는 권한을 구성원들에게 위임하는 것에서 출발한다. 이를 토대로 구성원은 자율권을 갖고 업무를 수행하여 그들의 능력을 증대시킬 수 있게 된다.

그러나 임파워먼트에서 중요한 것은, 리더가 단순히 구성원에게 권한을 위임하는 것이 아니라, 구성원이 스스로 임파워먼트가 되었다고 인식을 하는 것이다. 리더가 구성원에게 권한만을 부여한 채 그들이 모든 것을 해결하기를 바라는 것이 아니라, 구성원이 스스로 임파워먼트가 되었다는 인식 속에서, 자율성을 갖고 자신의 업무에 대해 스스로 노력하고 성과를 낼 때, 효과적으로 임파워먼트가 되었다고 말할 수 있다. 이에 스프라이처[40]는 구성원의 동기부여적 요소인 역할수행능력, 자기결정력, 역할 영향력, 역할 의미에 대해서 구성원들이 심리적으로 어떻게 느끼는가에 대해 연구했다.

그는 구성원들이 직무수행 능력과 기술에 대한 믿음과, 또한 자신의 직무수행 방법을 통제할 수 있다는 믿음을 가져야 한다고 말한다. 그리고 이러한 믿음을 바탕으로 구성원들은 스스로 임파워먼트가 되었다고 인식하게 되는 것이다.

이러한 임파워먼트가 행해지기 위해서는 조직 내에서 모든 정보가 공개되어야 한다. 리더는 구성원과 업무 및 기업성과에 관한 정보를 공유하고, 구성원들에게 기업 목표를 달성하기 위해 필요한 지식과 기술을 훈련 및 교육시켜야 한다. 그리고 구성원들이 스스로 의사결정할 수 있도록 권한을 위임해야 한다. 이렇게 권한을 위임받은 구성원들이 업무에 성과를 보일 때, 리더는 이 성과를 구성원들과 공유할 수 있도록 성과배분제와 같은 제도를 마련해야 한다.

스프라이처를 비롯한 연구자들은, 임파워먼트를 시행하기 위해 리더가 해야 할 몇 가지 필요사항을 다음과 같이 주장한다. 먼저 리더가 임파워먼트를 실행해야 한다. 즉 구성원들에게 권한을 위임하는 것이다. 구성원들에게 권한을 위임하기 위해서 그들이 의사결정에 참여할 기회를 제공해야 한다. 현장에서 생겨나는 실질적인 아이디어는 리더나 관리자가 생각하지 못한 부분일 수 있고, 보다 효율적일 수 있다. 이러한 건설적인 아이디어가 언제라도 표면화될 수 있게 해야 하는 것이다. 이때 구성원들은 스스로가 존중받고, 자신들의 의견이 경청된다고 느낄 수 있다. 그리고 리더는 조직의 목표와 비전, 전략 등을 정확하게 설명하고 구성원들이 나아가야 할 방향을 잡아주어야 한다. 확실한 미래관과 실현 가능한 장기적인 목표를 공유하여, 구성원들이 나아갈 방향을 잡는 것이다. 또한 꿈과 미래에 대한 믿음을 바탕으로 구성원들의 자신감을 북돋을 수 있게 된다.

또한 리더는 임파워먼트의 의미를 구성원들이 정확히 이해하도록 설명해야 할 것이다. 임파워먼트는 단순한 권한의 위임도 아니고 책임의 전가도 아니다. 구성원들이 자율적으로 노력할 수 있게 이해시키고, 또한 그들의 자유재량의 확실한 범위와 한계를 제시해야 한다.

지나친 권한의 침입이나 무책임한 업무태도, 권력의 남용 등을 방지해야 하기 때문이다. 또한 리더는 권한을 지닌 구성원들에게 업무와 관련된 정보 등을 제공하는 협력자가 되어야 한다. 리더는 권한을 지닌 구성원 간에 발생할 수 있는 갈등을 조절하고 조화에 초점을 맞추며, 그들의 능력을 촉진하고 통합하여 조직의 발전과 목표 달성에 이바지해야 한다.

이와 같이 리더가 구성원을 임파워먼트시키고, 구성원이 임파워먼트될 때, 진정한 임파워먼드 리더십이 일어났다고 말할 수 있다. 이때, 리더의 특정 행동이나 스타일이 항상 고정되어 있다고 볼 수는 없다. 즉, 임파워먼트가 가능한 리더의 행동과 스타일은 모두 고려의 대상이 될 수 있는 것이다. 이러한 관점에서 보면 임파워먼트는 앞에서 나온 셀프 리더십이나 변혁적 리더십과도 관련이 있다. 셀프 리더십에서는 리더의 행동이 구성원에 의해 자율적으로 통제된다는 이론이 제시된다. 즉, 기존에 리더가 해야 할 일들이 임파워먼트를 통해 구성원들이 자율권을 갖고 하게 된다는 것이다. 셀프 리더십에서 강조하는 구성원이 스스로 리드하고 역량을 강화하며 동기부여하는 개념은 임파워먼트의 개념과 그 맥락을 같이 한다고 볼 수 있다.

또한 변혁적 리더십은 구성원으로 하여금 기대 이상으로 업무를 수행하도록 동기를 부여한다. 변혁적 리더십에서 리더는 개인적인 배려를 통해 구성원이 발전적이고 개별적인 지향성을 유지하게 한다. 또한 지적 자극을 통해 구성원의 문제해결 역량을 향상시킨다. 이러한 변혁적 리더십 역시 구성원의 자율통제에 바탕을 두고 있다. 변혁적 리더십은 구성원이 자신의 능력에 자신감을 갖고 업무에 도전하며 보다 나은 성과를 위해 자율적으로 노력하는 데 초점을 두고 있기 때문이다. 이와 같이, 셀프 리더십과 변혁적 리더십은 임파워먼트 리더십과 무관한 새로운 개념의 리더십이라기보다 관련성을 갖고 있는 리더십으로 이해하는 것이 바람직하다.

2. 서번트 리더십

서번트 리더십(Servant Leadership)은 로버트 그린리프(Robert K. Greenleaf)가 1970년 "The Servant as Leader"라는 에세이에서 처음 사용한 이래로 많은 리더십 이론 및 실천에 지속적인 영향을 끼쳐왔다. 그린리프가 서번트 리더십이라는 개념의 아이디어를 얻은 것은 헤르만 헤세의 「동방기행」이란 단편소설이다. 이 소설은 한 순례자 집단이 영적인 진리탐구를 위해 여행을 하는 과정을 담고 있다. 소설의 주인공 레오(Leo)는 이 집단의 하인으로 여행 도중 하찮은 일을 도맡아하며 순례자들의 모든 일을 보살핀다. 때로는 지친 이들을 위로하고 그들의 불만 등을 경청하며 여행에 차질이 없도록 헌신적으로 봉사한다. 그러던 어느 날 레오가 순례자 집단에서 갑자기 사라지는 일이 발생한다. 레오가 사라지기 전까지는 모든 일이 순조로웠으나, 레오가 사라진 이후부터 여행에 예상치 못한 차질이 생기고, 결국 여행이 중단되기에 이른다. 레오는 순례자들에게 공기와도 같은 존재였다. 그들의 불만을 들어주고 욕구를 채워주는 등 겉으로는 하인이었지만 실질적으로는 그들에게 꼭 필요한 리더와 같은 존재였던 것이다. 서번트인 레오 없이는 여행을 계속할 수가 없었다. 훗날 순례자

중 한 명이 수 년에 걸쳐 레오를 찾았고, 레오가 여행을 후원하던 교단의 책임자이며 정신적 지도자이고, 위대하고 숭고한 리더였음을 알게 된다는 것이 이 소설의 주된 줄거리이다.

이 이야기로부터 그린리프는 위대한 리더는 서번트 우선으로 보여지며 그 위대함의 핵심은 단순한 사실이라는 점을 알게 된다. 레오는 실제로 항상 리더였다. 그러나 바로 그 자신이 서번트였기 때문에 그는 아주 깊은 내면으로부터 서번트 우선이었다. 이것이 바로 서번트 리더십의 핵심인 것이다. 서번트 우선인 사람은 리더 우선인 사람과는 완전히 다르다. 리더 우선인 사람은 리더십을 먼저 정립한 후에 섬기는 선택을 하지만, 서번트 우선은 먼저 섬기기를 원하는 자연스러운 감정을 가지고 있으며, 나중에 리드하려는 열망을 의식적으로 선택할 것이다.

우리가 생각하는 조직 내에 리더는 어떤 모습일까. 항상 사람들을 이끌고, 위에 군림하는 사람만이 리더는 아니다. 오히려 서번트 리더십은 레오가 같이 구성원들을 우선 생각하고 그들에게 필요한 부분을 봉사(serving)하는 가운데 영향력을 발휘하는 리더십이라 할 수 있다. 즉, 서번트 리더십은 인간 존중의 정신을 바탕으로 부하들을 섬기고 세심하게 보살피면서 그들이 스스로 최대한의 능력과 창의력을 발휘할 수 있도록 지원함으로써 부하들의 성장을 돕는 리더십이라고 정의할 수 있다. 그린리프는 서번트 리더십을 "타인을 위한 봉사에 초점을 두며, 종업원, 고객 그리고 커뮤니티를 우선으로 여기고 그들의 욕구를 만족시키기 위해 헌신하는 리더십"이라고 정의하고 있다.[41]

그린리프는 조력자로서의 리더는 존중, 봉사, 정의, 정직 그리고 공동체윤리 등의 다섯 가지 원칙을 가지고 있어야 함을 강조하였다. 그리고 이러한 원칙에 입각하여, 경청과 공감대 형성 및 잘못된 부분을 고쳐나가고, 깨닫고자 노력하여야 한다고 하였다. 또한 구성원들을 설득할 뿐만 아니라, 자신의 능력 개발을 통해 꿈을 실현하는 데 최선을 다하고, 선견지명으로써 청지기 의식(Stewardship)을 발휘하며, 사람을 성장하도록 하는 데 몰입하고, 공동체 의식을 구축하도록 노력해야 한다는 특성과 요건들을 제시하였다.

이러한 그린리프의 이론에 기초하여 스피어스(L. C. Spears)는 서번트 리더십을 "모든 사람의 존엄성과 가치에 대한 믿음, 리더의 권력은 부하로부터 기인한다는 민주적인 원칙"에 입각한 리더십이라고 표현하면서, 경청(listening), 공감(empathy), 치유(healing), 설득(persuasion), 인지(awareness), 통찰(foresight), 비전의 제시(conceptualization), 청지기 의식(stewardship), 구성원의 성장(commitment to growth), 공동체 형성(community building) 등 10가지를 서번트 리더십의 하위 행동특성으로 제시하였다.[42] 이러한 10가지 특성에 대한 연구는 현재까지 활발하게 진행되어 왔으며, 10가지 차원에 의미는 다음의 [표 4-9]에서 보는 것과 같다.

서번트 리더는 기본적으로 서번트 리더십 철학을 실천하는 사람이다. 기존의 리더십에서 리더의 목적이 섬김을 받는 것이라면 서번트 리더십에서 리더의 목적은 섬김을 하는 것이다. 계층적 직위에 기초하여 구성원을 복종하기 만드는 것이 아니라 인간 존중의 정신을 바탕으로 구성원을 지원하고 그들의 욕구를 우선적으로 만족시키기 위해 헌신하는 리더십이다.

[표 4-9] 서번트 리더의 특징[43]

하위 행동	내용	특징성
경청 (listening)	서번트 리더의 가장 기본적인 자질이고, 부하에 대한 존중과 수용적 태도로, 구성원의 의견을 주의 깊게 잘 듣는 태도.	공감대 형성
공감 (empathy)	상대방의 입장에서 생각해보는 것이라고 할 수 있는데 구성원의 입장에서 상황과 견해를 이해하려고 노력하는 행위.	
치유 (healing)	업무로 인한 건강의 악화, 가족을 포함한 직장 동료, 구성원들과의 관계 악화와 같은 상처로부터 오는 구성원들의 정서적 감정과 업무적 스트레스를 경감시켜주는 행위.	
설득(persuasion)	리더로서 권위나 일방적인 지시나 통제가 아닌 쌍방향적인 대화와 설득으로 영향력을 행사하는 행위.	
인지 (awareness)	다른 사람보다 주변 환경에 대해 더 잘 아는 것으로, 전체적인 상황과 상황에 영향을 주는 요소들을 정확하게 판단할 수 있어야 함.	구체적 방향
통찰 (foresight)	경험과 직관을 가지고, 현재와 미래의 결과를 예측할 수 있는 능력을 말함.	
비전의 제시 (conceptualization)	비전을 제시하고, 그 비전을 분명한 목표와 연결시켜 방향을 설정해주는 행위.	
청지기 의식 (stewardship)	어떤 의사결정이나 행동을 할 때, 그 결과가 구성원에게 미치는 영향을 먼저 고려하는 태도와 행위로 서번트 리더의 가장 기본적인 자세.	도덕성
구성원의 성장 (commitment to growth)	구성원들이 능동적으로 일을 할 수 있도록 지원하며, 또한 잠재력을 발휘하여 성장할 수 있는 기회를 제공하는 행위.	성장

공동체 형성 (community building)	구성원들이 자신들이 하고 있는 일과 그 일이 갖는 의미를 알고 함께 공유하는 역동적인 시스템인 공동체를 형성하고 구성원들 간의 깊은 유대관계를 맺도록 하기 위해, 구성원들 간의 활발한 의사소통과 협력을 장려하는 행위.	협력행동 장려

4-5 기업별 사례

1. 스티브 잡스

"직관을 따라야 창의력이 발현된다"

▶ You can't just ask customers what they want and then try to give that to them. By the time you get it built, they'll want something new.

고객들에게 무엇을 원하는지 묻고 나서 그들에게 바로 그 물건을 제공할 수는 없다. 당신이 제품을 완성할 때쯤이면, 고객들은 뭔가 새로운 제품을 찾을 것이다.

▶ Be a yardstick of quality. Some people aren't used to an environment where excellence is expected.

품질이 모든 것이다. 품질이 모든 것을 대변하는 환경변화를 수용하지 못하는 이들은 안타까움을 안겨준다.

▶ Innovation distinguishes between a leader and a follower.

혁신이야말로 리더와 추종자를 구분하는 잣대다.

▶ Your time is limited, so don't waste it living someone else's life. Don't be trapped by dogma – which is living with the results of other people's thinking. Don't let the noise of other's opinions drown out your own inner voice.

인생은 영원하지 않다. 다른 이의 삶을 살면서 시간을 허비하지 말아라. 도그마를 추종하지 말아라. 도그마는 다른 사람의 사고의 결과물을 받아들이는 것이다. 다른 사람의 의견이 당신 스스로의 목소리를 사라지게 하지 말라

▶ And most important, have the courage to follow your heart and intuition. They somehow already know what you truly want to become. Everything else is secondary.

직관을 따르는 일이야말로 가장 중요하다. 당신의 가슴, 그리고 직관이야말로 당신이 진정으로 원하는 것을 잘 알고 있다. 다른 것은 부차적이다.

▶ Almost everything – all external expectations, all pride, all fear of embarrassment or failure – these things just fall away in the face of death, leaving only what is truly important.

사망 선고는 많은 변화를 불러왔다. 외부의 기대, 자부심, 실패에 대한 두려움 등은 사라져버렸다. 내 인생에서 진정으로 중요한 것이 무엇인지를 깨닫게 해주었다.

▶ Remembering that you are going to die is the best way I know to avoid the trap of thinking you have something to lose. You are already naked. There is no reason not to follow your heart.

당신이 유한한 존재라는 점을 늘 생각해보라. 무엇인가 잃을 게 있다는 두려움을 곧 사라져버릴 것이다. 당신이 진정 원하는 바를 따르지 않을 이유가 없게 된다.

2. GE 잭 웰치

『잭 웰치와 4E 리더십』

(제프리 크레임스 지음, 김종완 옮김, McGraw-Hill Korea)

GE 젝웰치의 리더십에 가장 대표적인 부분은 4E를 말할 수 있다.
4E는 Energy, Energize, Edge & Execute를 의미한다.

• 리더는 에너지(Energy)를 갖고 있다.

자신의 업무를 해결하기 위해 끊임없이 노력하는 힘을 가진 사람을 의미한다.

또한 리더는 급변하는 세상에 대처할만한 힘(Energy)도 지녀야할 것이다.

• 리더는 에너지를 불러 일으킨다(energizes).

리더는 다른 사람들이 실행할 수 있도록 점화하는 방법을 안다. 그들의 비전을 그릴 수 있고, 비전에 따라 행동하도록 사람들을 고무한다. 리더는 자신뿐만 아니라 다른 사람의 열정 또한 끌어낼 수(Energize) 있어야 한다.

• 리더는 결단력을 갖고 있다(edge).

결단력이 있는 사람들은 경쟁적인 유형이다. 리더는 정말로 어려운 결정을 내리는 방법을 안다. 애매모호한 표현이 아닌 확실한 결정 능력(Edge)을 갖고 있어야 한다.

• 리더는 실행한다(executes).

효과적인 리더는 활동성과 생산성이 같지 않음을 알고 있다. 조직에 있어서 측정 가능한 결과가 필요한데, 리더는 에너지와 에너지를 행동과 결과로 변환시키는 방법을 알고 있다.

웰치 회장은 단순히 4E만으로는 위대한 리더가 될 수 없다고 한다. 네 가지를 모두 갖추었다면, 그것을 모두 포함할 만한 열정(Passion)을 가져야 한다고 덧붙인다.

에너지 측정[44]

1. 당신은 매일 아침 당면 업무를 공략할 준비가 되어서 일어나는가?
2. 당신은 변화를 위협이라기보다 기회로 간주하는가?
3. 당신은 어떤 대규모 변화 노력을 수행할 때, 종착지의 생생한 그림을 그리는가?
4. 당신은 태도와 열정을 보고 채용하는가?
5. 당신은 복잡함과 형식성을 잘라내려고 노력하는가?
6. 당신은 비수익 제품 라인이나 부문을 잘라냄으로써 "계획된 포기"를 실천하는가?
7. 당신은 사람들이 자신의 의견을 표출하고 새로운 아이디어를 갖고 나오게 하는 기반을 제공하는가?
8. 사람들이 정말로 새로운 아이디어를 들고 나올 때, 시기적절하게 거기에 반응할 수 있는 시스템을 갖고 있는가?
9. 당신은 당신에게 보고하는 직원과 의미 있는 대화를 나누고, 지속적으로 건설적인 피드백을 제공하고 있는가?
10. 당신 조직에서 사람들은 계산된 위험을 취하는 것이 장려되고 있는가?

8점 이상 : 에너지가 풍부한 리더일 확률이 높다.

6~7점 : 나쁜 편은 아니지만, 세부조율을 위한 여지가 남아 있다.

5점 이하 : 당신과 조직은 정밀 검사를 받아야 할 정도로 심각하다.

2부

리더십 개발의 실제

연극하며 리더십 배우기

1 대학생 리더십, 무엇을 어떻게 개발할 것인가

1-1 리더십 개발의 개요

1. 무엇을 개발할 것인가

리더십의 의미는 간단히 '공동체의 비전과 목표를 달성하기 위해 사람들에게 영향을 미치는 힘' 또는 '공동체 구성원들의 바람직한 기대 상을 실현해가는 능력'으로 이해할 수 있다. 이에 따라서 리더십의 크기는 자연히 리더가 지닌 영향력의 세기인 힘(power)의 크기, 즉 리더십 역량의 크기에 비례하게 된다.

따라서 리더십을 개발한다는 것은 리더가 보유한 리더십의 역량인 힘의 개발을 의미한다. 그런데 이러한 리더십의 원천인 힘의 종류나 크기 역시 시대의 변화에 따라 달라지는 특성이 있다. 과거에는 사회적 지위나 조직 내 직위 또는 성별, 나이, 학력 등 지위적인 힘

(position power)이 절대적이었으나, 오늘날에는 점차 개인의 전문적인 역할 수행과 관련된 전문적 지식이나 인적 네트워크 및 구성원과의 상호신뢰정도 등 개인적인 힘(personal power)에 더 많은 비중이 실리고 있다. 다시 말해서 리더십과 관련된 힘의 이동(power shift)이 이미 상당부분 진행된 것이다.

성공적인 리더십 개발을 위해 무엇을 비중 있게 고려해야 할 것인가에 대해서는 아래의 〔표 1-1〕의 내용을 살펴보면 더욱 명확해진다.

[표 1-1] 성공하는 리더, 실패하는 리더

구분	내 용
성공하는 리더	• 사람들을 믿고 신뢰함(Trust) • 매력적인 비전을 개발함(Vision Creating) • 이성과 냉정을 유지함(Rationality) • 도전과 위험을 감수함(Risk Taking) • 비판적인 의견을 수용함(Acception Criticism) • 간소하고, 넓은 시야를 가짐(Simple Big picture)
실패하는 리더	• 사람들을 믿고 신뢰하지 못함(Betrayal Trust) • 대인 관계가 좋지 못함(Inability Get along) • 권한 이양의 실패(Inability Delegation) • '나 혼자만' 현상(Me only Syndrome) • 변화 적응 실패(Failure Adaption) • 행동에의 공포(Fear of Action) • 자기 사람에게만 의존(Overdependence on few Advocates) • 인맥 개발의 실패(Failure to Development Network)

2. 어떻게 개발할 것인가

사람들은 누구나 불확실한 상황에 놓이게 되거나 도전을 받고 곤경에 처해지면 도움을 구하게 된다. 무엇이 중요한지, 무엇을 해야 하는지, 어떤 방향을 선택해야 하는지, 무엇을 하지 말아야 하는지 등을 알아야 하기 때문이다.

이처럼 곤란한 문제를 안고 있는 사람들에게 정말 필요한 것이 바로 리더십의 존재 이유이다. 아울러 이러한 리더십은 태어나면서 부터 갖추기보다는 가꾸고 개발하면서 점차 배양이 된다. 누구든지 마음만 먹으면 리더십의 역량과 기술은 배울 수가 있고 성공적으로 사람들을 리드할 수 있게 된다. 그런데 문제는 이러한 리더십의 배양이 간단한 방법이나 단시일 내에 쉽게 이루어지는 것이 아니라는 점을 이해해야 한다.

리더가 되는 법을 학습하는 데는 헌신적인 노력과 시간이 필요하다. 리더십은 교실에서 책이나 강의로 배우는 것이 아니다. 무엇보다도 현실적인 문제와 과제에 맞서 이겨낼 수 있는 기본적인 자질이 요구된다. 이러한 인간적 기본 자질이란 끊임없이 자기 자신을 변화시키려는 실험과 실패를 받아들이는 용기를 바탕으로 한다.

나아가 진정한 리더로 성공한다는 것은 과감하게 일을 추진하고, 프리젠테이션이나 연설을 멋지게 하고, 팀원 간의 결속을 공고히 하는 것을 포함하게 된다. 동시에 어떻게 팀원이나 부하들을 리드해서 리더 자신을 따르게 할 것인가에도 관심을 기울여야 한다. 그리고 더욱 중요한 것은 리더는 모든 팀의 구성원들이 각자 자신들이 속한 팀의 비전과 목표를 위해 스스로의 책임과 헌신을 다하게 하는 이른바 셀프 리더가 되도록 격려하고 지원해야 하는 것이다.

이상과 같은 리더십 개발과 관련된 문제를 보다 구체적으로 학습하기 위해서는 다음과 같은 개발 포인트를 참조할 필요가 있다.[1]

[표 1-2] 리더십 개발의 핵심 포인트

- ◆ 상황을 이해하고 팀원들에게 설명할 수 있어야 한다.
- ◆ 신념을 나타내어 행동할 수 있는 의지가 필수적이다.
- ◆ 팀 개발을 위한 자기학습과 팀 학습을 실천해야 한다.
- ◆ 효과적인 의사소통 방법과 팀워크 개발 훈련이 필요하다.

1-2 리더십 개발의 방법

1. 상황의 이해와 설명

리더십의 개발과 관련하여 상황이 갖는 의미는 조직에서 무엇이 중요하며, 방향과 목표가 무엇인지, 어디서 출발해서 어디로 가야 하는지, 리더로서 자신의 가치가 무엇인지, 넓게 보아 그것이 조직의 가치와 어떻게 부합되는지, 팀원들에게 기대하는 것이 무엇인지를 명확하게 규명하는 것을 포함한다. 다시 말해서 팀원이나 조직원들이 일을 하고 성취해가는 데 있어서 이들을 이끌어가게 할 개념적인 틀(frame)을 의미한다.

[표 1-3] 리더는 항상 상황을 이해하고 팀원들에게 쉽게 설명할 수 있어야 한다.

	내 용
왜	• 조직이나 팀의 나아갈 방향과 지향가치를 제시하기 위해 • 중요한 목표가 구체적으로 무엇인지 알려주기 위해 • 팀 활동 중에서 무엇이 중요하고 중요하지 않은지를 구별하게 하는 균형감을 일깨워주기 위해
어떻게	• 거시적 관점(Macro)에서 상황 변화의 맥락을 정리하여 주요 이슈를 구분해내고 가치를 부여하는 방법으로 • 주요 이슈들에 대한 팀원들의 관심과 에너지가 집중될 수 있는 시각적 이미지를 효과적으로 활용

이러한 틀이 없다면 팀원들은 단조롭고 평범한 일에 매달려 성과를 내지 못하거나 개인주의적인 경향으로 흘러 팀원들 간에 불필요하고 낭비적인 경쟁을 유발할 수 있다. 리더와 팀원들이 그들의 미래 비전과 현재 및 과거와의 상황을 연결하는 실마리를 인식하지 못하게 되면, 어떤 행동을 취하고 어떻게 변화해야 할지 갈피를 잡지 못하게 된다.

2. 신념과 행동화의 의지

성공한 리더들의 두드러진 특징은 확고한 신념을 가지고 행동한다는 점이다. 그들은 자신들이 하는 행동을 진심으로 옳다고 믿는다. 그러나 그것만으로는 충분하지 않다. 확고한 신념이 있더라도 그것을 드러내어 보여주지 못하면 다른 사람들을 리드할 수가 없다. 리더는 자신의 신념을 행동으로 입증해 보여야 한다.

[표 1-4] 리더는 자신의 신념을 나타내어 행동할 수 있는 의지를 보여야 한다.

	내 용
왜	• 리더 자신의 결심과 결정을 알려주기 위해 • 팀원들이 리더를 따르도록 고무하기 위해 • 장애물과 방해요인들을 극복하고 해소하기 위해 • 리더 자신의 신념과 입장을 지켜낼 용기를 갖기 위해 • 팀원 스스로가 자신들을 신뢰할 수 있도록 하기 위해
어떻게	• 자신이 반드시 이루고자 하는 일에 대한 성취감과 열정을 드러내는 방법으로 • 자신의 신념에 대한 일관된 믿음과 행동을 솔선수범하여 자신 있게 표현하고, 결과를 통해 의미를 부여하는 방법으로

이를 위해 리더는 자신이 달성하고자 하는 목표에 대해 자주 이야기해야 한다. 그리고 그 목표를 얼마나 이루고 싶어 하는지 그 열정을 드러내기 위해 때로는 흥분을 하기도 하고 초조해하기도 하며 결단력을 보여줄 필요가 있다.

3. 개인개발과 팀 학습의 실천

개인적인 능력개발 노력은 개인의 비전과 현재 수준 사이에서의 차이가 유발하는 창조적 긴장이 있을 때 생겨난다. 진정한 변화 노력은 이 같은 창조적 긴장(creative tension)에서부터 출발하지만, 단순히 부족한 지식이나 기술을 습득하는 것만을 의미하지 않으며 오히려 평생학습의 차원에서 전문가로서의 높은 열망을 지속적으로 추구하는 것을 뜻한다.

그리고 팀 학습은 스포츠 경기에서와 같이 팀플레이의 중요성을 일깨워준다. 스포츠 경기에서의 승리는 개개인의 전문적인 기술을 통합하여 팀플레이로 승화시킬 때 비로소 이루어진다. 마찬가지로 공동체의 비전과 목표가 효과적으로 달성되기 위해서는 팀원 개개인의 지식과 기술을 팀 학습의 장을 통해 서로가 공유해야 한다. 이러한 팀 학습의 핵심적인 요소는 대화와 토론 문화의 정착이다. 대화와 토론은 팀원들의 생산적인 학습 활동을 가장 실질적으로 촉진하는 활동이다.

[표 1-5] 리더는 개인개발과 팀 학습을 활성화해야 한다.

구분	내 용
왜	• 팀원 모두가 분야별 프로페셔널이 되도록 하기 위해 • 사물을 보는 관점이나 세계관, 멘탈 기반을 키우기 위해 • 비전을 공유하고 직무로서의 대화가 일상적으로 이루어지도록 하기 위해 • 전체와 부분간의 역동적인 관계를 이해하여 체제적 사고(systemic thinking)를 할 수 있게 하기 위해
어떻게	• 개개인의 창조적 긴장유발과 공개적인 학습 및 검증 과정에 개방적인 태도로 • 자기계발 목표에 바탕을 둔 자기 주도 학습과 토론, 토의 등에 바탕을 둔 팀 학습을 촉진하여 학습조직을 지향하는 방법으로

4. 의사소통 능력과 팀워크 개발 훈련

의사소통과 팀워크는 공동체의 삶을 유지하고 발전시키는 데 있어 가장 중요한 수단으로 볼 수 있다. 사람들과 더불어 일을 하거나 그들을 통해 뭔가를 성취하려 할 때 반드시 몇 가지 문제와 부닥치게 된다.

첫째, 사람들은 생김새가 다르듯이 각자의 가치관이나 의도하는 바가 다르다.

둘째, 사람들의 가치관이나 성격만큼 그들의 능력이나 일을 하는 방법도 다를 수 있다.

셋째, 이처럼 서로 다른 사람들이 같은 목적과 목표를 향해서 공통의 가치를 공유해야 하는 만큼, 계획적이고 의도적인 노력이 필수적으로 요구된다.

따라서 이 같은 특성에 비추어 공동체의 구성원들이 가장 먼저, 그리고 중요하게 취해야 할 자세는 각자가 자신의 생각과 뜻을 남에게 알리고 동시에 다른 사람들의 생각과 뜻을 경청해서 이해하는 것이 무엇보다 중요하다. 그리고 서로의 뜻과 생각을 공유해서 목표를 세우고 우선순위를 정한 뒤, 각자의 역할로 공헌하는 것이다. 아울러 예상치 못한 상황이나 중요한 일에 대해서는 수시로 정보를 교환하고

[표 1-6] 리더는 효과적인 의사소통 방법과 팀워크를 개발할 수 있어야 한다.

	내 용
왜	• 팀원 개개인의 창의성을 살리고 함께 일하는 방법을 공유하기 위해 • 팀원들의 에너지를 최대화할 수 있는 조직력을 확보하기 위해 • 탁월한 성과를 내는 최고의 살아 있는 조직을 만들기 위해
어떻게	• 팀원 개개인의 성격과 가치관을 이해하고 이를 조직의 공동 목표와 가치에 부합시키는 방법으로 • 탁월하고 효과적인 의사소통 방법과 팀원개발의 경험을 통해서 조직의 시너지가 창출되는 방법으로

협조를 주고받아야 한다. 이러한 일련의 과정들은 매우 빈번하여 마치 일상생활처럼 이루어져야 하며, 우리가 호흡하는 공기 중의 산소처럼 꼭 필요한 것들이다.

우리들은 자신들이 속한 조직이나 공동체가 일류가 되기를 갈망한다. 이를 위해서는 최고의 의사소통과 팀워크의 의미를 반드시 이해해야 한다. 그리고 이러한 의사소통과 팀워크는 생각만 가지고 되는 것이 아니라 반드시 적절한 학습과 훈련이 요구된다.

2 리더십 개발은 어떤 방법론으로 진행되었나

2-1 구성주의적 학습 원리를 적용한 액션러닝(Action Learning)

본 리더십 개발 수업은 공학부 학생들을 대상으로 총 15주에 걸쳐 이수하도록 설계되었다. 특히 이론 중심의 수업이 아니라 학교생활을 통하여 리더십 개발에 필수적인 행동 변화를 학생들 스스로 체험할 수 있도록 하는 데 초점을 두고 아래와 같은 수업방침을 설정하게 되었다.

첫째, 실제 생활에 도움이 되는 실사구시 교육이 되도록 한다.
둘째, 전 팀원들이 참여하는 실천학습 프로그램으로 운영한다.
셋째, 상호평가의 원칙에 따라 철저히 자율평가제를 도입한다.

위의 수업방침을 적극 이행하기 위해 최근 기업체 등에서도 활발한

적용이 시도되고 있는 구성주의적 액션러닝 방법론을 도입하였다.

구성주의적 학습은 기존의 객관주의적 인식론에 대한 새로운 대안으로, 상대주의적 인식론을 수업현장에 도입함으로써 객관주의적 인식론이 가질 수 있는 여러 가지 문제점들을 극복하려는 데서부터 시작되었다.[2] 예를 들어 기존의 수업들에서는 학습 환경의 주도권이 대부분 교수에게 부여되어 있었던 것에 비해 구성주의적 학습에서는 학생들에게 그 주도권을 대폭 이양한다는 점이 다르다.

그리고 평가에 있어서도 누가 잘했고 못했고 또는 옳고 그르다는 식의 이분법적 구분이 아니라 철저하게 과정을 중시해서 모든 구성원들의 다양성을 최대한 이해할 수 있게 한다. 따라서 평가 활동 자체가 학습이 되며 동시에 모든 학습 활동에 참여하는 학생들의 관심과 에너지가 자발적으로 하나의 공동목표에 모아지는 효과도 있다. 결과적으로 학습 참여자들의 모든 활동들이 실제적인 면에서 의미가 있는 공동의 프로젝트로 발전되어 보다 큰 의의를 가질 수 있도록 만들기도 한다.

뿐만 아니라 구성주의적 학습은 학생들의 다양한 목소리와 관심, 경험과 지식에 참된 가치를 부여하고 그들에 대한 진실한 신뢰와 믿음을 전제로 하고 있다. 따라서 학생들이 배우는 지식과 기술이 학교교육에서만 통하는 고립된 것이 아니라 현실에 밀접한 지식과 기술이 되도록 하는 데도 의미가 있다.

이러한 관점에서 이 리더십 수업의 생명은, 어떻게 하면 학생들의 깊이 있는 사고와 탐색 과정들이 잘 반영되게 할 것인가라는 측면에서, 어떤 과제를 부여하느냐에 많은 비중을 두게 되었다. 여러 가지 현실적인 면들을 고려해본 결과 연극을 통한 리더십의 개발이 가장 효과적일 것으로 생각되었다.

실제로 학생들이 한 편의 연극을 직접 공연하기 위해서는 수없이 크고 작은 활동들을 거쳐야만 한다. 그리고 이러한 복잡한 일들이 순조롭게 진행될 수 있으려면 여러 사람들의 지혜와 협조가 반드시 필요하게 된다.

이처럼 기존의 강의식 수업방식과 달리 연극공연을 통한 수업이라는 색다른 방법의 시도는 학생들의 학습 동기를 부여하는 데도 큰 도움이 될 것으로 보았다. 뿐만 아니라 학습의 평가 방식 역시 시험에 의한 일률적인 평가가 아니라 연극의 고객이라 할 수 있는 관객, 즉 같은 수업을 수강하고 있는 다른 팀원들의 반응과 함께, 같은 팀 내에서 팀원들 스스로가 각자 다른 팀원들을 평가한 점수의 합계를 학생들 개개인의 학점과 연계한다면 수업에 임하는 학생들의 태도 역시 근본적으로 변화될 것으로 보았다.

이상에서와 같이 연극을 통한 구성주의적 학습 원리의 적용은 비록 한 학기라는 한정된 기간일 수밖에 없지만 많은 수강생들에게 가장 효과적인 리더십 개발의 모델이 될 수 있다는 확신을 가지게 되었고, 학생들에게 역시 이 점을 알리는 데 특별한 관심을 두었다.

끝으로 이상의 학습취지를 최대한 살려갈 수 있도록 하기 위해 아래와 같은 몇 가지의 기본적인 원칙과 구체적인 가이드 및 방법론을 제시하였다.

● 팀 구성 원칙

본 리더십 개발 수업에서는 참여적 액션러닝의 학습을 효과적으로 실천하기 위해 학급별 총인원 50명을 모두 6개 팀으로 나누어 각 팀별 인원이 8~9명이 되도록 하였다. 그리고 팀원들은 가능한 서로 잘 모르는 사람들로 편성되게 하였으며, 매 4주 단위로 팀장과 서기 및 팀 활동의 건전한 비판자이자 감시자인 악마(DA: Devil Advocator)를 지정하여 되도록이면 모든 팀원들이 각자 중요한 역할들을 직접 경험할 수 있도록 하였다.

● 팀 활동 원칙

교육 목적상 수업에서의 강의는 3~4주 정도로 최소화하되, 학생들의 자율적인 팀 활동은 최대한 보장되도록 하였다. 매주 정규 수업시간 외에도 팀별 과제해결을 위해서 자유로이 대화가 필요한 경우 오프라인에서는 물론 온라인에서의 수시 미팅도 가능토록 각 팀별로 온라인 카페를 운영할 수 있도록 하였다.

특히 각 팀 내 구성원들 간의 대화나 토의 시간의 총합이 최소 50시간 이상 되도록 적극 권장하였다. 이름하여 "50시간의 기적"을 직접 체험케 하려는 의도에서였다. 서로 다른 가치관과 생각들을 가진 팀원들이 과제해결이라는 공동의 주제와 관련된 대화나 토의 등을 50시간 이상 집중적으로 나누다보면 기대이상의 기적과 같은 성과도 나올 수 있다는 가정하에서 새롭게 시도한 것이었다.

● **팀 과제 부여 원칙**

먼저 모든 팀들에게 "연극공연을 통해서 리더십을 이해하고 개발한다"라는 학습과제를 부여했다. 학습과제의 효과적인 실천을 위해 우선적으로 각 팀들은 수업에 임하는 팀별 학습목표를 자율적으로 정하도록 했다. 그리고 리더십에서 가장 중요한 핵심요소인 인간에 대한 다양한 이해를 위해 연극의 주인공과 함께 다양한 캐릭터를 설정하도록 했다. 또한 주인공들의 리더십 과정을 구체적으로 묘사하기 위한 방법으로서 연극대본도 직접 작성하게 했다. 연극 전체의 연출에서부터 음향이나 조명은 물론 각종 소모품들의 준비에 이르기까지 모든 준비물들도 팀원들이 직접 생각해내고 챙길 수 있도록 했다.

● **팀 활동 평가 원칙**

리더십 수업의 평가는 학습의 최종 결과에서부터 과정에 이르기까지 학습 활동 전반에 대해 학생들 스스로가 절대적인 책임을 가지고 자율적인 평가를 할 수 있게 하였다. 평가는 크게 두 가지로 나누어볼 수 있는데, 우선은 각 팀에 대한 집단 평가로서 각 팀별 연극공연에 대한 반응을 다른 팀들과 비교하여 각각 상대평가 점수로 환산하게 하는 것이었다. 다음으로는 각 팀별로 팀 전체 활동 기간을 통해 팀원 개개인들이 팀의 성과에 기여한 정도와 팀워크 증진을 위해 노력한 정도를 다른 팀원들과 비교하여 산정토록 하였다. 이상의 팀 점수와 팀 내 개인별 점수를 합산하게 되면 개인별로 총 점수가 나오게 되는데, 이렇게 나온 점수가 바로 학생 개개인들의 학점과 직접 연결되도록 하였다.

이러한 평가 방법을 통할 경우 모든 학생들은 팀 활동 전반에 열성적으로 참여하게 되고 나아가 자신들의 객관적인 모습도 돌아볼 수 있게 된다. 때로는 평가에 대한 오류의 함정을 알게 될 뿐만 아니라 자신의 주관적인 평가와 상대방의 평가 간의 차이에 대해서도 깊은 성찰을 하게 되는 계기가 될 것이다.

2-2 생산적인 팀 활동을 위한 가이드와 방법론

생산적인 팀 활동을 하기 위해서는 먼저 팀워크의 중요성을 인식하고 팀과 팀워크에 대하여 이해해야 하며 팀 운영방법, 팀워크 기술, 팀 갈등 해결방법 등을 미리 알아둘 필요가 있다.

● 팀의 양면성 이해

팀은 소수의 사람들이 공동의 목표를 위해 상호 책임을 공유하고 문제를 해결하기 위해서 공동의 접근 방법을 사용하는 조직 단위이다. 따라서 팀에는 많은 장점들이 있다. 팀 구성원들은 문제를 해결해가는 과정에서 서로의 다양한 관점과 경험, 기술과 지식들을 서로에게서 배우고, 팀원들의 다양성이 상승효과를 나타냄으로써 생산성이 향상될 수 있다. 아울러 팀 활동은 팀원들이 리더십 역량을 개발하고 촉진할 수 있는 계기가 된다. 뿐만 아니라 문제해결과정에 참여한 팀 구성원들은 팀이 결정한 사항들을 더욱더 잘 받아들이는 경향이 있다.

반면에 팀이 가질 수 있는 문제점도 결코 만만치 않다. 성과가 높은 팀이 되기 위해서는 팀을 개발하려는 노력이 반드시 필요하고 팀원 전체가 팀 활동에 참여하는 시간의 투입이 절대적으로 필요하다. 때로는 투입된 노력에 비해서 효율성이 낮을 수도 있으며, 팀 구성원들 간에는 갈등의 심화로 어려움을 겪을 수도 있으며, 집단사고의 함정에 빠질 우려도 있음을 경계해야 한다.

* 집단사고(groupthink)는 흔히 집단 내부 구성원간의 응집성이 클 경우 그들의 의사결정이 너무 쉽게 만장일치에 이르거나 획일성을 추구하려는 경향이 높아져 심각한 문제나 오류를 일으키는 병적인 현상을 말한다. 집단사고에 빠지게 되면 합리적이고 비판적인 사고를 멀리하게 되며, 결과적으로는 집단 의사결정의 질을 저하시키게 된다.

● **바람직한 팀 구성원의 역할**

팀의 문제점을 최소화하고 팀의 장점을 최대한 발휘하기 위해서는 모든 팀원들의 노력이 필요하지만 특히 팀장과 과정관찰자의 역할이 무엇보다 중요하다.

팀장 : 팀의 대변인으로 회의를 소집하고 주재하며 결과를 보고한다. 팀 구성원들이 해야 할 역할과 책임에 대해 검토하고 이를 설명해야 한다. 팀의 기본규칙과 방침 등을 설정한다. 필요한 일이 제대로 이루어지도록 하기 위해 적절한 책임을 맡기는 권한도 갖는다. 결정된 사안과 조치사항에 대해서는 팀 구성원들에게 명확하게 이해시키고 올바른 방향으로 진행하도록 지속적인 노력을 해야 한다.

과정관찰자(process observer): 팀 활동의 진행상황에 대해 비평과 피드백을 한다. 팀 회의를 비롯하여 각종 임무수행 과정이 얼마나 잘 진행되고 있는지 관찰하며 개선점을 제안함으로써 내부 감시자의 역할을 한다(팀의 모든 문제점을 기탄없이 지적해야 하는 건전한 의미에서의 악역 수행자인 까닭에 애칭 '악마'로 칭함).

특히 팀 활동 경험이 부족한 팀에게 있어 이 역할은 매우 중요하다. 이 역할은 의사소통에 능통하고 창의적 사고방식을 가진 팀 구성원이 맡을 수 있으며, 가능하면 모든 팀 구성원이 이 역할을 돌아가면서 맡는 것이 개인 잠재능력 개발뿐만 아니라 팀 개발에도 큰 도움이 될 것이다.

이밖에 팀 활동 시에는 아래와 같은 다양한 역할들이 있는데 이는 어느 한 특정인에게 해당되는 것이 아니라 팀원 중에 누군가 자연스럽게 이러한 역할을 하게 된다는 의미다.

의견 발의자(opinion giver): 각자 자신의 의견이나 신념을 말한다.

의견 조정자(coordinator): 임무와 아이디어, 그리고 제안들 간의 관계를 명확히 한다. 각기 다른 의견들의 차이점을 조화시키고 긴장을 완화시키고 팀 구성원들의 차이점을 찾아내어 그 가치를 이해하도록 돕는다.

진행자(gatekeeper): 토론의 흐름을 조정하고 대화빈도를 조절하며 같은 종류의 토론을 최소화하고 주장이 강한 구성원에 토론이 이끌리지 않게, 또한 조용한 구성원들도 참여하도록 유도한다.

정보 탐색자(information seeker): 제안된 것의 실제적 정확도를 점검한다오리엔터(orienter): 팀의 방향에 대해 질문하고 조직 내에서의 팀의 위상을 정의한다.

에너자이저(energizer): 팀을 행동적이고 결단력 있게 고무한다.

● **팀의 기본규칙 결정(Ground Rule)**

팀이 갖추어야 할 핵심 특성은 규율(discipline)이다. 팀에게는 무엇보다도 규율의 확립이 필요하며, 이는 구성원 간의 결속력이나 협동

팀 기본 규칙의 예

〈우리 팀원들은 팀의 조화와 생산성 향상을 위해 아래의 규칙을 철저히 지킬 것을 동의한다〉

1. 우리는 항상 서로를 배려하며 존중과 친절로 대한다.
2. 우리는 팀의 주요 의사결정을 전체 합의제를 통해서 내린다.
3. 우리는 팀에서 논의한 사항들을 팀 구성원들이 서로 비밀로 한다고 하지 않는 한 팀 외부 사람들과도 공유할 수 있다.
4. 우리는 매주 ( )요일 ( )시, ( )에서 열리는 팀 회의에 전원 참석하는 것에 동의한다.
5. 우리는 정해진 팀 회의에 정시 10분 전에 참석해야 하며, 늦거나 참석할 수 없는 경우에는 미리 팀장에게 알린다.
6. 우리는 각자에게 할당된 과제를 정해진 시간 내에 완료한다. 정해진 일정 내에 완성이 어려우면 미리 팀장에게 알려 조치를 받는다. 또한 과제회의시 참석이 어렵더라도 진행 중인 과제물은 반드시 전달한다.
7. 우리는 각자의 이메일을 매일 확인하며, 과제 진행과 관련된 중요사항들은 즉시 팀 구성원들에게 이메일이나 휴대전화 문자메시지를 통해서 알린다.
8. 우리는 매 4주 단위로 팀장과 진행관찰자(악마)의 역할을 돌아가면서 맡는다. 임기 마지막 회의시에는 차기 팀장과 진행관찰자를 정한다.

심 등 좋은 관계를 맺는 것 못지않게 중요한 문제이다.

팀이 구성된 처음부터 팀 활동방침을 규정하는 규칙을 정하는 것이 바람직하다. 그리고 이것은 팀 구성원 모두 동의한 규칙이 되어야 한다. 팀 전원이 동의하는 기본규칙들을 작성하고 팀 구성원들이 이 규칙을 따름으로써 팀원 상호간의 효율적이고 만족스러운 관계가 지속적으로 유지되게 하는 데 도움이 되는 것이 중요하다.

* 팀 기본 규칙은 팀 활동을 원활하게 하기 위해 존재한다. 만약 규칙 가운데서 특정 사항이 자주 위반되고 있다면 해당 사항 관련 기본규칙의 적합성이나 위반되는 원인, 적절한 해결방안 등을 논의함으로써 오히려 팀원들 간의 의사소통과 팀 성과 향상에 도움이 될 수 있도록 한다.

● **팀 내 갈등관리**

팀 활동을 해나가다 보면 자연스레 갈등이 생긴다. 팀에서 갈등이 생기는 이유는 팀 구성원들 간의 견해 차이, 자원 부족, 책임의 불확실성, 의사소통의 단절, 인격적 충돌, 권한과 지위의 차이, 목표의 차이 등 여러 가지 원인이 있다.

갈등은 단점만 있는 것이 아니라, 새로운 해결책을 만들어주는 기회를 제공하기도 하다. 만약에 갈등의 초기에 이를 해소하면, 팀의 생산성이 크게 증대될 수 있다. 중요한 점은 팀이 갈등에 어떻게 대처하느냐 하는 것이다.

팀 운영에서 발생되는 피할 수 없는 갈등을 줄이기 위해서는 팀 운영에 다음과 같은 인식을 가질 필요가 있다. 먼저, 팀에서 갈등은 회피할 수 없는 것임을 인식해야 한다. 그리고 일단 발생된 갈등은 가능하면 초기 단계에서 관리할 수 있도록 노력해야 한다.

팀 활동 시에는 팀 구성원들의 다양성을 존중하고 상대방의 성격적 특성을 민감하게 인식해야 한다. 다른 팀원들이 제시하는 모든 아이디어를 경청할 필요가 있다. 나아가서는 비록 아이디어가 이상하게 보이거나 감정적인 측면이 있는 것 같더라도 잘 들어야 한다.

끝으로 갈등 해결을 위한 조치로 다음과 같은 단계를 잘 활용하면 효과적일 것이다.[3]

1단계: 갈등이 존재한다는 사실을 인정한다.
2단계: 실제로 존재하는 갈등을 파악한다.
3단계: 모든 관점을 경청한다.
4단계: 갈등해결 방법을 함께 모색한다.
5단계: 해결책에 합의하고 책임을 정한다.
6단계: 갈등이 해결되었는지를 검토하기 위해 다음 모임을 계획한다.

- 이해하지 못하는 부분은 여러 측면에서 충분하게 설명한다.
- 브레인스토밍을 하는 도중에는 비판적이거나 부정적인 생각을 하지 않는다.
- 심각한 갈등이 생길 경우에는 합리적인 협상을 시도한다.
- 주제 토론을 종결하고 문제를 창의적으로 해결하고자 할 때에는 발산적 사고와 수렴적 사고를 번갈아가면서 사용한다.

3 액션러닝 수업의 효과 및 대표적 활동 사례

3-1 연극수업을 통한 액션러닝 효과

1. 철저한 팀 토의에 의한 참여식 문제해결 프로세스 이해

경영이나 팀 활동은 종종 큰 캔버스에 그림을 그리는 예술 활동에 비유해볼 수 있다. 예를 들어서 모든 팀원들이 다함께 모여서 하나의 그림을 그려보라고 주문한다. 처음에는 단지 그림을 그려야 한다는 사실만 알려준다.

이 때문에 무슨 그림을 어떻게 그려야 할지, 인상파 그림을 그려야 할지 아니면 고전파적인 그림을 그려야 할지 당황하게 된다. 단지 모든 팀원들이 함께 그림을 그려야 한다는 사실만 알고 있기 때문이다. 이렇게 되면 팀원들은 자연스럽게 모여서 어떤 그림을 그려야 할지 어떻게 그려야 할지 등등 구체적인 내용들을 결정을 하게 된다.

이와 같은 과정이 바로 의사결정이다. 팀을 비롯해서 모든 조직의 존재이유는 구성원들이 자신들의 의사를 잘 집약해서 바람직한 결정을 하고 이로써 문제나 과제를 효과적으로 해결해가는 데 있다. 문제는 어떤 절차나 프로세스를 거치는 것이 바람직할 것인가 하는 점이다. 특별한 방식이 없이 무턱대고 문제를 해결하려고 덤벼들 수도 있겠지만 처음부터 꼼꼼하게 계획을 세워 일을 추진할 수도 있다.

2. 참여자의 의사가 반영되지 않은 문제해결은 무의미하다는 것을 이해

일반적으로 문제를 해결해가는 방식에는 크게 두 가지의 타입이 있다. 하나는 마스터플랜(Master Plan)형이고, 또 하나는 로드맵(Road Map)방식이다. 기업이나 조직의 규모가 작을 때는 리더의 개인적인 주관이나 소신에 의존해서 의사결정을 해도 크게 문제가 되지 않는다. 하지만 규모가 커질수록 많은 사람들이 납득을 할 수 있는 의사결정시스템이 필요하게 되고 그러한 시스템은 대부분 마스터플랜형에 가깝다. 마스터플랜형은 각종 데이터를 객관적으로 분석해서 종합적인 계획을 짜고 그 계획에 따라서 과제나 문제를 해결해가는 종래의 일반적인 방식을 의미한다. 그런데 최근에 이러한 문제해결방식에 대해 몇 가지 중대한 문제점들이 지적되고 있다.[4]

첫째, 마스터플랜적 방식으로 문제를 해결하기 위해서는 먼저 데이터의 분류와 분석이 선행되어야 하는데, 그런데 수치적인 데이터로 표현할 수 없는 경우에는 문제가 달라진다. 일반적으로 경영이나 팀 활동 중에는 데이터나 수치로 나타낼 수 없는 곳에 중요한 본질이 숨겨져 있는 경우가 적지 않다. 이러한 경우 데이터에 의한 분석적 방법만으로 중요한 의사결정을 내린다고 한다면 결과는 뻔할 것이다.

둘째, 분석시 이용되는 데이터는 보통 표준화된 산업이나 기술 분류체계 또는 사회의 일반적인 분류방식 등 기존의 체계에 따라서 처리되는 것이 대부분이다. 이 때문에 자신들만의 독특한 특성이 감안된 독창성 있는 결론이나 시각의 전개에는 제약이 있을 수밖에 없다.

셋째, 가장 중요한 문제로 경영이나 팀 활동의 과정과 결과에는 반드시 일을 하는 사람들의 가치와 의미가 내재되어 있어야 하는데도 구성원들의 의사가 제대로 반영되지 못하는 것이 사실이다. 데이터를 근거로 객관적인 해석을 해야 하기 때문에 구성원들의 '이렇게 일을 하고 싶다', '이러이러해야 한다'와 같은 생각이나 요망은 뒷전일 수밖에 없고, 그럴듯하게 격식이 차려진 내용으로 꾸며져 실질적이고 성취적이기보다는 그저 평범하고 무난한 결론에 머물 수가 있다. 요컨대 마스터플랜적 문제해결 방식이 논리적인 것임에는 틀림없지만 팀원들의 개성과 의욕을 담아내는 데는 여러 가지 면에서 한계점을 안고 있다 하겠다.

반면에 로드맵 방식의 문제해결은 팀 구성원들의 생각과 주관을 상대적으로 중시하게 된다. 팀 구성원들의 생각을 토대로 가설이나 반론을 제기하면서 함께 논의하고 결정해간다. "우리 멤버들이 모여서 진지하게 토의한 결과 이러이러한 결론이 나오게 되었습니다", "이러이러한 객관적인 데이터를 근거로 확인도 하고 추가적인 연구도 했습니다만 여기 이 내용처럼 해보고 싶다는 것이 우리 멤버들의 합의된 의견입니다"와 같이 로드맵 방식은 자신들의 생각과 주관을 설득력 있게 설명할 수 있도록 하는 데 도움을 주며 스스로에게 창의적이고 자발적인 학습의 기회도 제공해준다.

한마디로 마스터플랜형의 문제해결 방식이 객관적인 사고를 중심으로 '최적의 해답'을 찾아내는 데 의미를 둔다면 로드맵 방식은 주관이 반영된 '실행 가능한 해답'을 구하는 데 초점을 둔다는 차이가 있다.

3. 집단이 캔버스에 그림을 그려가는 공동체의 힘을 이해

앞에서 말한 바와 같이 팀 활동의 모습을 커다란 캔버스에 그림을 그리려는 어느 한 집단의 모습으로 대치해보자. 결정된 것은 단지 모든 구성원들이 합심해서 하나의 그림을 완성시켜야 한다는 사실뿐이다. 무슨 그림을 어떻게 그려야 할지, 언제까지 그려야 하며 어떤 색을 사용할 것인지 등등 모든 것들이 어떤 객관적인 기준으로 정해져 있지 않기 때문에 멤버들 스스로가 모든 것을 협의하고 결정해야 한다. 각자의 생각과 가치관을 내세우고 신념을 주장하면서 토론을 하기도 하며 때로는 갈등을 경험하기도 한다. 그러는 과정에서 최종적으로 하나의 그림이 완성되어간다. 처음에는 도대체 무엇이 가능할지, 어떤 그림이 될지 잘 모르다가 차츰 윤곽을 잡게 된다. 마스터플랜형이라면 처음부터 그리고자 하는 그림의 종류에 따라서 담당자가 지정되고 마무리할 시점이 정해져 의도된 그림을 제때에 그리게 할 것이다. 하지만 로드맵형에서는 왁자지껄하게 의논을 해가면서 그려야 하기 때문에 시간도 걸리고 어려움도 겪게 된다. 미국 항공우주국

(NASA)의 로켓 발사 프로젝트가 대표적인 마스터플랜 방식이라면 로드맵 방식은 위에서와 같이 전 팀원들이 함께 공동으로 캔버스에 그림을 그려가는 것과 같다.

4. 열띤 토의의 효과, 50시간의 기적을 체험

로드맵 방식으로 의사를 집약해 가는 데는 최소한 50시간의 토의나 논의가 필요하다. 이에 대한 구체적인 근거는 정확히 없지만 최소한 그 정도의 시간이 걸려야 비로소 멤버들 각자의 머릿속에 하나의 공통된 이미지가 완성될 수 있다고 생각하기 때문이다.

사람들은 여러 가지를 의논하거나 말하면서 자신의 머릿속을 정리해가는 특성이 있다. 한편으로는 다른 사람들의 말을 듣거나 몸짓을 보면서 자신의 생각에 살을 붙여 가기도 한다. 이렇게 서로 이야기하고 의견을 들어가면서 점점 공통의 틀이 구체화된다. 처음에는 열 사람이 모두 다른 생각이었던 것이 의논을 해가면서 점점 통일되어간다. 그러려면 시간이 보통 집단의 경우 약 50시간 정도는 걸릴 것으로 본다.[5]

하지만 사람들의 머리는 금방 피곤해지는 성향이 있기 때문에 계속해서 50시간을 집중적으로 토의하기보다는 어느 정도의 시간적인 간격을 두고 주기적으로 실행하는 것이 좋다. 어찌되었든 최소 50시간 이상 진지하게 서로 의논해가면서 결론을 만들어가는 데에 의미가 있다. 단순히 모여서 토의나 논의만 하는 것이 아니라 의논을 하면서 모든 팀원들이 원하는 그림을 하얀 캔버스에 그려간다는 점이 무엇보다도 새롭고 중요한 것이다.

5. "바로 이것이다"라는 감동학습의 진수를 체험하게 됨

이미 앞에서 지적한 바와 같이 로드맵형의 문제해결 방식은 팀원 개개인의 문제의식에서부터 논의가 시작된다. 시간이 가면서 개개인의 생각이 점차 팀 전체의 의사로 집약이 되고 그것을 바탕으로 일련의 가실이 설정되기도 하며 그것들을 하나씩 입증해간다. 말하자면 일종의 연역적 방식의 접근방법이다.

자신들이 그리려는 그림이나 가설이 정말로 정답인지 아닌지 처음에는 조금 불안해할 수도 있다. 하지만 논의와 함께 확인을 계속해가는 동안에 자신들의 생각들이 점점 더 확산되고 또 수렴된다는 사실을 인식하게 된다.

이러한 과정을 거침으로써 모든 팀원들은 문제해결에 보다 의욕적으로 자신감을 가지게 되며 확신의 깊이도 더 깊어진다. 아울러 이러한 과정은 객관적인 외부환경의 흐름과 자신들의 내부환경을 연결시켜 확실한 방향감이 생겨날 때까지 더욱더 빈번한 대화와 탐색을 계속하게 된다. 로드맵 방식에 있어서 가장 중요한 포인트 중의 하나가 바로 이 자기 확신과 정확한 방향 감각에 대한 믿음을 스스로 학습해 간다는 것이다.

이렇게 해서 생겨난 확신과 자신감은 문제해결을 위한 실행 단계에 이르러서는 제트엔진과 같은 강력한 추진력이 된다. 마스터플랜 방식과 같이 데이터의 분류와 분석에서부터 최적의 의사결정을 만들어가는 귀납적 방식의 접근 방법에서는 이와 같은 과정을 체험하기가 쉽지 않다. 처음부터 일목요연한 논리 전개가 전제되어야 하기 때문에 "바로 이것이다!"라는 감동과 자신감을 기대하기는 어렵다. 따라서 조직이나 팀의 운명을 좌우하는 중요한 문제해결 방식은 마스터플랜형보다는 개개인의 생각과 가치관을 바탕으로 팀원들의 확신을 이끌어내는 로드맵형이 더 유리할 수도 있다. 조직이나 팀이 진실로 활기를 가지기를 원한다면 이상에서와 같이 체험적 자기 확신을 경험하게 할 구체적인 프로세스가 필요하다.

6. Ideas → Facts → Learning Issues → Idea 검증 프로세스의 이해

이러한 체험적 자기 확신을 강화하는 데 도움이 되는 대표적인 프로세스 모형이 바로 PBL이라는 방법론이다. PBL은 문제기반 학습(Problem Based Learning)의 약칭으로서 앞서 설명한 구성주의적 학습 원칙에 충실한 대표적인 실천 프로세스로 이해할 수 있다.

먼저 팀별로 과제가 주어지면 팀에서는 과제를 통해 자신들이 학습하게 될 학습목표를 결정한다. 이로써 구성주의에서 말하는 학습자 주도 학습의 첫 단계가 시작되는 것이다.

학습목표를 팀 별로 결정하고 나서는 주어진 과제(문제)를 '해결안 또는 가설(Ideas)'과 '이미 알고 있는 사실들(Facts)' 그리고 '더 알아야 할 사항들(Learning Issues)'의 세 가지 단계에 따라 진행시킨 뒤 과제해결의 최종 대안이 되는 '최적의 해결안(Ideas 검증)'을 결정하게 된다. 따라서 PBL에 의한 문제해결방법은 기본적으로 연역적 입장을 취한다.

먼저 '해결안/가설'은 자연과학에서 실험연구를 위한 가설세우기에 해당하며, 글쓰기를 할 때 줄거리잡기와도 같은 것이다. '이미 알고 있는 사실'은 말 그대로, 주어진 문제로부터 알 수 있는 사실, 문제와 관련하여 이미 자신이 알고 있는 사실을 확인하는 것이다. '더 알아야 할 사항'은 추가적으로 학습을 더 해야 할 내용으로서 팀원 개개인의 개별학습과 팀 학습으로 이루어진다.[6]

[표 3-1]

가설/해결안 (Ideas)	이미 알고 있는 사실 (Facts)	더 알아야 할 사항 (Learning Issues)
• 이 문제를 해결할 수 있는 방법은 무엇인가?	• 이 문제의 해결에 도움이 될 이미 알고 있는 사실은?	• 이 문제를 해결하기 위해 좀더 알아야 할 사항은?
예) 만일……라면……일 것이다.	예 1) 이 문제로부터 알 수 있는 사실은…… 한 것이다. 예 2) 내가 전에 알고 있던 사실은……이다.	예) 가설 1에 따른 것을, 해결안을 위해서는……한 내용을 더 알아야 한다.

대표적인 연극 활동 사례

1. "세종대왕의 슈퍼리더십" -(Grape팀 사례)

2. "NANTA를 만든 사람들" -(Lets To JJ팀)

3. "아우내 장터의 장한 별" -(큰일 낼 팀 사례)

- 이 사례들은 한국기술교육대학교 학생들이 직접 연극 활동을 경험하고 제출한 보고서를 수록한 것이다. 학생들의 생생한 체험을 살리기 위해 특별한 수정과 첨삭을 하지 않았다. 바라건대 앞으로의 수업에 참고가 되었으면 한다. 다만 원 보고서에는 대본도 포함되어 있지만 이 책에는 포함하지 않았다.

| 사례 1 |

"세종대왕의 슈퍼리더십"

▶ 팀명: Grape

▶ 이야기 목차

1. 우리 팀의 이름 정하기
2. 우리 팀원들의 캐릭터
3. 누가 첫 팀장이 될까
4. 리더십 테마 및 주인공 선정
5. 팀 활동 다이어리
6. 연극이 끝난 후(Epilogue)

시대를 뛰어넘는 우리 민족 최고의 리더

— 세종대왕의 슈퍼리더십

1. 우리 팀의 이름 정하기

●포도송이를 의미하는 Grape팀

포도 알 하나하나로는 상품적 가치가 별로 없지만 싱그러운 하나의 포도송이는 상품가치가 크다. 팀원 모두가 똘똘 뭉쳐 최고로 가치 있는 포도송이가 되겠다는 뜻을 담고 있다.

우리 팀에서 제일 먼저 눈여겨 볼 사항은 영화나 드라마에게 흔히 볼 수 있는 매력적이고 감동적인 캐릭터이자 위대한 조연자인 Hidden-Champion 즉 모범형 팔로워(Effective Follower)들의 역할이다. 이들을 다른 말로 표현하면 위대한 2인자 리더십을 보유한 사람들이라고 할 수 있다. 이들은 항상 리더를 도와 팀이 가야 할 방향과 비전에 맞추어 스스로의 역할을 수행하는 사람들이다. 모쪼록 훌륭한 팀이 되기 위해서는 리더의 능력뿐만 아니라 항시 팀을 생각하고 팀의 목적에 따라 자신의 모든 역량을 발휘하며 때로는 자기희생마저 마다 않는 숨은 영웅들이 많이 있어야 할 것이다.

다음으로 눈여겨 볼 사항은 팀 활동 단계에서 보여 준 왕성한 학습욕구이다. 팀원 모두가 도서관을 찾고, 인터넷을 뒤지며, 세종대왕 기념관을 찾아간 것, 그리고 리더십을 전공하는 선배를 찾아가 조언을 구하는 등, 전 팀원들이 팀의 목적 달성을 위해 헌신적으로 보여준 뜨거운 학습의 열기는 무엇보다도 값진 선물이다.

연극에서는 안타깝게도 대상을 받지는 못했지만 팀원들 모두가 목표한 바를 이루었고, 훌륭한 개인학습과 팀 학습을 통해 팀원 전원이 유일하게 A+ 학점을 받은 Grape팀의 장한 모습을 잘 지켜봐 주시기 바란다.

2. 우리 팀원들의 캐릭터

1. 송찬우: 전자공학 / 4학년(남) / 연극배역－돌쇠
성격: 카리스마적인 성격
인물특징: 대단한 추진력을 겸비한 리더
2. 이지영: 응용화학공학 / 3학년(여) /연극배역－나레이션
성격: 당차고 활발함
인물특징: 여자인가? 남자인가?
3. 김성길: 응용화학공학 / 4학년(남)/연극배역－최만리
성격: 원만하고 무난함
인물특징: 상황 판단력과 눈치가 빠름
4. 오미경: 메카트로닉스공학 /3학년(여)/연극배역－세종대왕
성격: 이해심과 배려심이 깊음
인물특징: 엄마와 같은 성품을 가지고 있음

5. 김지영: 신소재공학 /2학년(여)/연극배역-농부

성격: 차분하고 조용함

인물특징: 숨겨진 마력을 보유하고 있는 여자

6. 유종훈: 디자인공학 /3학년(남)/연극배역-부도승지

성격: 깔끔함

인물특징: 외모로 볼 때는 멀쩡한데 부담스런 행동을 가끔씩 함

7. 김창식: 전자공학 /2학년(남)/연극배역-정인지

성격: 차분함

인물특징: 새내기답지 않은 외모와 성격의 소유자

8. 이보라: 신소재공학 /3학년(여)/연극배역-신숙주

성격: 상큼하고 발랄함

인물특징: 사람들에게 활력소를 제공하는 산소 같은 친구

9. 한수정: 신소재공학 /4학년(여)/연극배역-신석조, 성님

성격: 활발하고 사교성 좋음

인물특징: 웃음을 만들어낼 줄 아는 여자

3. 누가 첫 팀장이 될까

●두 사람의 각축전?

송찬우: 리더십이라? 나에게 더 이상의 리더십이 필요할까? 리더십이라면 나는 더 이상 배울게 없다고 생각한다. 이미 일 년 동안 총학

생회 활동을 하며 수많은 사람들을 만나 수많은 일들을 처리했고, 학생들과 학교를 위해 최선을 다해 리더십을 발휘해왔다. 이런 나에게 더 배울 리더십이 있을까?

약간의 교만한 생각을 가지고 첫 시간을 맞이하였다. 여학우들의 입장을 대변하며 나와 많이 부딪힌 여총학생회 회장과 동아리 연합회 대표 그리고 나와 생사화복을 같이 했던 총학생회 임원도 보였다. 학생회가 끝나고 자주 만나지는 못했지만 미운 정 고운 정이 잔뜩 들었던 동료들을 보니 반가운 마음이 들었다. 시간이 되어 교수님께서 들어오셨다. 마른 체형에 검은색 모자를 눌러 쓰시고 들어오시는 모습이 마치 카리스마 있는 야전사령관의 모습을 떠올리게 했다. 외형적인 모습이 그렇게 중요한 건 아니겠지만 교수님에게서 받은 첫 이미지가 무척 인상적이었다. 리더십을 강의하는 교수님은 어떤 리더십을 가지고 계실까?

한 학기 동안의 수업이 기대되었다. 그리고 우리 팀의 팀장은 내가 되어야 하지 않을까.

이지영: 팀이 정해지고 모임을 가졌던 첫 시간, 지난 일 년 동안 총학생회 활동을 같이했던 학생회장 선배와 또 다시 같은 팀을 이루게 되었다. 학생회 활동을 하면서 온갖 고락을 함께했던 사람이여서 그런가? 그의 리더십에 지배당해서 그런 것일까? 아무튼 선배와 같은 팀이라는 것이 그다지 기쁘지만은 않았다. 새로운 경험을 원했는데 나에게 필요한 것은 새로운 리더와 새로운 카리스마가 필요했는데……

잠시 후 팀장 선출에 들어갔다. 모두들 학생회 활동을 해왔던 선배에게 눈길이 쏠리고 있었다. 다른 팀원들도 그가 리더가 되길 원하고 있는 것 같았고 나 역시도 선배가 리더가 되는 것이 팀을 위한 길이라고 생각했다. 하지만 나의 예상과는 달리 팀원들은 선배를 추천하지 않았고 팀원들이 추천해준 사람은 바로 나였다. 왜 검증된 리더를 선택하지 않고 나를 선택했을까? 나조차 그 물음에 대답할 수 없다. 왜냐하면 나도 나의 리더십을 평가해본 적이 없었으니까!

4. 리더십테마 및 주인공 선정

●연역적 사고로 접근하기: Idea 탐색 → Fact 확인 → Learning Issue → Idea 검정

☞ **Idea 탐색단계**

모든 팀원이 한 학기동안 책임지고 해야 할 역할을 정한 후 다음으로 우리 팀이 해야 할 일은 리더십 유형을 결정하는 것이었다. 수업시간에 배운 4가지 리더십 유형을 바탕으로 팀 색깔을 표현하기에 가장 적합한 리더십 유형을 찾기로 하였다. 권위와 위엄이 있고 부하와 백성을 생각하고 섬길 줄 알았던 우리나라 왕과 장수는 누가 있었을까? 가장 먼저 떠오른 인물은 요즘에 한창 TV에서 방영되는 이순신 장군이 제일 먼저 떠올랐고, 예전에 방송했던 태조 왕건과 얼마 후 있을 한글날의 주인공인 세종대왕이 떠올랐다. 토의를 한 결과 이순신 장군은 전쟁 장면이 많아서 연극으로 표현하기에 부족하며, 백성들을 통치한 사실이 없기 때문에 우리의 목표와 맞지 않을 것이라 판단하였다. 따라서 우리 팀은 리더의 강한 힘을 보여줄 수 있는 왕건과 백성들을 위해 많은 정책을 시행한 세종대왕을 아이디어로 채택하게 되었다.

- 슈퍼 리더십을 가장 잘 대변하는 유형의 인물로 왕건과 세종대왕을 선정함.

태조 왕건과 세종대왕에 대한 관련 서적들은 많기 때문에 자료수집에는 큰 문제가 없었다. 그렇지만 조사 단계에서 과다한 자료의 수집과 분석을 통해 일어날 수 있는 시간적 손실과 정보의 중복 그리고 혼란이 걱정되었다. 또한 조사한 두 명의 위인 중 목적에 맞는 인물 찾아 연극화시켰을 때 관객들이 알지 못했던 새로운 요소들이 과연 존재할까?라는 문제였다. 드라마에서 보여주었던 태조 왕건의 부드러우면서도 강인한 모습과 백성들을 위해 한글을 만들었던 세종대왕의 업적들을 뛰어넘는 새로운 사건과 리더십의 발견이 우리 앞에 놓인 과제였다. 자료조사는 팀원을 절반으로 나누어 진행하였고 조사하는 방법은 각자가 자유롭게 조사하는 방법을 선택했다.

☞ **Fact 확인단계 1**

오랜 시간은 아니지만 많은 노력을 들여 우리가 원하는 업적과 행적들을 조사할 수 있었다. 우선 태조 왕건은 주변의 뛰어난 리더들 가운데서도 소리 없이 자신을 가꾸고 만들며 미래를 준비한 리더라는 것을 알 수 있다. 그의 주변에는 '세계는 넓고 삼킬 땅은 많다' 형의 창업형 카리스마의 리더 궁예가 있었고, '후퇴는 없다. 오로지 전진뿐이다' 형의 전투지휘형의 리더 견훤이 있었다.

이에 비해 왕건은 기본적으로 큰 변화를 읽을 줄 아는 변화유도형 리더로 볼 수 있다. 특히 왕건은 궁예의 전략적 선견력을 가지고 있으면서도 이를 독식하지 않았고, 솔선수범함으로써 주위의 사람들을 저항 없이 참여케 하는 견훤의 강점을 동시에 가졌다. 다르게 표현하면 궁예는 '적분형 리더'이고, 견훤은 '미분형 리더'에 가까우며, 왕건은 '미·적분형 리더'라고 할 수도 있다. 미분도 중요하고 적분도 중요하지만 수학에서 높은 점수를 받기 위해서는 미분과 적분을 동시에 다 잘할 필요가 있다.

예전에 TV에서 태조 왕건이 방영되었을 때 많은 사람들이 태조 왕건의 리더십에 주목했던 이유가 바로 여기에 있다고 결론을 내릴 수 있겠다. 항시 나아갈 때와 물러날 때를 생각하면서 늘 새로운 기회를 모색하는 인내심 있는 자세가 돋보이기 때문이다. 태조 왕건에게서 느껴진 리더십의 유형이었다.[7]

또한 왕건을 타잔과 비유하여 리더십을 풀이한 내용을 살펴보면 정글 속에서 꿋꿋이 살아난 타잔의 생존 법칙과 강력한 리더들 사이에서 살아남은 왕건의 생존 법칙과는 다를 바 없다. 자신의 핵심 역량만을 남기고 군살을 걷어내는 컴피턴시의 경영은 팬티만을 입은 타잔의 모습에 비유될 수 있다.

일찍이 바다에서 자란 왕건은 막강한 해군력을 바탕으로 절대적인 전략적 우위를 점하게 된다. 나주성 공략이 그것이다. 뿐만 아니라 매번의 전투에서는 화려한 대군을 이끌기보다는 소수정예의 양동 작전으로 소기의 성과를 지향했던 점이 그렇다.

한편 타잔 영화를 보게 되면 타잔은 위기의 순간에 다른 힘센 동물들을 불러 모아 그들의 도움을 받는다. 이처럼 우리 역시 때때로 누군가의 도움을 받아야 한다. 그런데 도움을 받기 위해서는 평소 타인과의 긴밀한 협조 관계가 필수적이다. 왕건은 후삼국 통일에 있어 전략적 제휴를 절묘하게 이용했다. 그의 대표적인 전략은 2:1전략으로 대변된다.

신라를 항상 자기편에 묶어 둠으로써 견훤의 군대를 견제하는 전략이 그렇다. 궁예는 자신의 콤플렉스 때문에 신라를 아예 상존치 않았으며, 견훤 역시 신라왕을 제거하여 신라인의 민심을 잃게 된다. 힘있는 동물들과 친하면서 전략적 제휴를 잊지 않았던 타잔의 지혜가 연상되는 부분이기도 하다.

그리고 타잔에게는 사랑스런 애인격의 제인이 있었다. 제인을 만날 때마다 타잔은 새로운 지혜와 용기를 얻었다. 개인은 물론 조직 역시 세상을 향해 항시 열린 창을 가지고 있어야 한다. 끊임없이 세상을 배우려는 학습경영의 지혜가 바로 이것이다. 이를 위해서는 무엇보다도 리더 스스로가 공부하는 리더십의 전형이 되어야 한다. 왕건 역시 평생을 전장에서 보낸 군인 왕이었지만 스스로 공부하고 배우려하는 남다름이 있었다. 궁예나 견훤에게도 제인과 같은 소수의 책사들이 등장하기도 하였지만 왕건과 같지는 않았다. 최응·박유·최지몽·최언위를 비롯하여 태평과 같은 모범형 책사들이 왕건 주위에는 유달리 많았다.

이외에도 타잔의 곁에는 항상 침팬지 조수 치타가 따라다녔다. 리더에 대한 맹목적인 복종이 아니라, 비전을 공유하면서 동고동락하는 인재의 확보야말로 기업의 가장 큰 자산이다. 왕건에게는 궁예나 견훤에게서 찾기 어려운 덕이 있었다. 덕이 있는 리더는 부하를 신뢰하고, 맡긴 일에 대해서는 전폭적인 지지를 아끼지 않는다. 리더의 신뢰에 대해 추종자는 존경으로 응답한다. 이것이 바로 신뢰를 바탕으로 하는 리더십의 생명이다.

태조 왕건을 가장 돋보이게 하는 부분이 바로 이 대목이다. 신숭겸 장군은 대구 팔공산 전투에서 주군인 왕건을 탈출시키기 위해 스스로 죽음을 택했다. 유금필 장군 역시 비슷했다. 그들이 없었다면 고려의 천하통일은 불가능했을 것이다. 태조 왕건이 마지막 숨을 거두기 직전 그의 유언을 받아 적은 박술희도 같은 맥락에서 이해할 수 있다.

☞ **Fact 확인단계 2**

두번째 팀이 조사한 내용은 세종대왕으로 많은 왕들의 주된 관심사가 영토의 확장을 위한 정복 전쟁이었음에 비해, 세종대왕은 어떻게 하면 백성들의 삶의 질을 높일 수 있을까였다. 그로부터 수백 년이 지난 오늘날에 있어 과연 어떤 리더십의 이슈가 바람직했는지 다시 한 번 생각해 볼 일이다.

세종대왕 하면 우리가 이미 다 알고 있는 이야기인 것처럼 생각되겠지만 사실 그에 대해서 제대로 파악하고 있는 사람들은 의외로 많지 않다. 그는 한마디로 리더십의 화신이었다. 끊임없이 이슈를 발굴

해서 집현전을 통하여 연구시키고, 또 시스템적으로 연구결과들을 실천해 나아갔다.[8]

그는 우선, 이슈를 개발해내는 능력에 있어 탁월한 면모를 보여주었다. 그가 22세의 나이에 조선의 4대 왕으로 즉위했을 때, 이미 학문적으로 그와 대화가 될 만한 신하들은 두 명(윤회, 변계량) 정도밖에 찾아볼 수 없을 만큼 역량이 뛰어난 임금이었다. 따라서 인재육성의 필요성을 느낀 세종은 집현전을 강화하고 학사로 채용을 하면 장기간 근무토록 하여 능력개발과 그의 활용에 온 힘을 기울였다. 최장 근무자는 한글 창제를 극구 반대했던 최만리로서 22년간 근속하였다. 한글창제를 반대했던 최만리가 최장 근속할 수 있었다는 것이 아이러니컬하다.

세종대왕은 학사들로 하여금 끊임없이 이슈를 개발하고 탐구하도록 독려하였으며 그 스스로도 이슈개발에 혼신의 노력을 다했다. 재임 32년 동안 수많은 연구를 수행하였는데 그 주제들 중 상당부분이 세종이 직접 하사한 것들이었다고 한다. 그는 또 경연을 통하여 자유롭게 학사들과 함께 각종의 현안들에 대해서 토론을 하곤 하였다. 세종 재임기간 동안 총 1,835회를 개최함으로써 태종의 8회, 정종의 21회에 비하여 비교가 안 될 정도의 정열을 보였다. 이 토론회에서는 누구나 자유롭게 의견을 개진할 수 있게 함으로써 결국 집현전이 언론의 역할까지를 수행하는 결과를 가져오게 된다.

또한 세종은 학사들의 안위를 위해서도 커다란 배려를 아끼지 않았다. 소위 사가제도라고 하는 일종의 안식년 제도를 실행하여 능률이 오르지 않는 학사들로 하여금 1년씩 전국을 돌며 식견을 넓힐 수 있는 기회를 주었다. 오늘날의 국책연구소들이 이런 제도를 실행했다가는 아마도 국고낭비를 이유로 구설수에 오르내리지 않을까 싶다. 집현전의 위치도 강녕전 옆에 두어 항상 쉽게 드나들 수 있도록 하였다.

가장 중요한 백성들의 안위를 챙기는 부분을 보면 한글을 만들게 된 배경을 보면 알 수가 있었다.

어느 날 밤에 그는 민정시찰을 나갔다가 어느 평민의 집에서 모녀가 "한자가 어려워 배울 수가 없다"는 대화를 하는 것을 듣고는 모두가 쉽게 배워 쓸 수 있는 한글을 창제하기로 마음먹었다고 한다. 또한 일가친척이 없이 남의 집에서 기거하는 90세 이상 된 노인들에게는 사철 의복과 삭료를 주도록 하는 복지제도를 도입하였으며, 산모와 산모의 남편에게 공식적으로 휴가를 주는 놀라운 제도를 세종이 벌써 도입하고 있었다.

> "경외의 여종으로서 아이를 배어 산삭에 임한 자와 산후 1백일 안에 있는 자는 사역시키지 말라 함을 일찍이 법으로 세웠다. 그러나 그 남편에게는 휴가를 주지 아니하고 그전대로 구실을 하게 하면 산모를 구호할 수 없게 되니, 한갓 부부가 서로 구원하는 뜻에 어긋날 뿐만 아니라 이 때문에 혹 목숨을 잃는 일까지 있으니 진실로 가엾은 일이다. 이제부터는 사역인의 아내가 아이를 낳으면 남편도 만 30일 후에 구실을 하도록 하라" –〈세종실록〉

그는 또한 세금을 올리는 문제에 대해서 설문조사를 실시할 정도로 주도면밀하게 국정의 운영에 임했으며 국방에 있어서도 태평시대에

성을 쌓아야 한다는 주장을 받들어 성을 쌓고 국경을 튼튼히 하였다. 백성들이 지나치게 나태해지거나 사역에 동원되어 에너지를 소진하는 일이 없도록 국가의 사업을 조절하였다. "백성은 오랫동안 노고하고 휴식하지 않으면 그 힘이 피곤하게 되고 오랫동안 휴식하고 노고하지 않으면 그 뜻이 방탕해진다. 그러므로 백성은 반드시 때로는 노력시키고 휴식하게 해야 하는 것이다."

세종은 신하나 주변사람들과의 관계에 있어서도 합리적으로 풀어나아가는 면모를 보여주었다. 자신의 즉위를 반대하여 낙향해 있던 황희를 다시 불러 정승의 자리에 앉혔는가 하면, 한글창제를 극구 반대하는 최만리를 가장 오래 집현전 학사로 묶어두었고, 자신에게 왕위를 넘겨주고 홀연히 떠났던 양녕대군을 다시 서울로 데려와 형제의 도리로 대한 것 등은 그의 스타일의 일면을 잘 보여주고 있다. 술이 과한 신하에게는 술을 끊으라고 권면하고 집현전 숙직을 하다가 잠이든 신숙주에게는 어의를 벗어 덮어줄 정도로 따뜻한 면모도 보여주었다.

1443년에 훈민정음이 완성되었는데 훈민정음이 반포된 것은 1446년이었다. 그렇다면 완성된 글자를 왜 3년 동안 묵혀두었던 것일까. 그 이유는 당시 훈민정음의 창제를 반대하던 사람들 때문이었다고 한다. 일반적으로 전제군주 아래에서 임금의 의견에 반대한다는 것은 있을 수 없는 일이었으나, 세종대왕의 경우에서는 조선시대 어느 왕에 비해서도 민주적으로 국정을 운영하고 있었으므로 신하들의 의견을 일방적으로 묵살하려 하지 않았다. 특히 부제학 최만리 등은, 중국에 없는 특수한 문자를 만든다는 것은 사대모화에 어긋나는 것이고 몽고, 사하, 일본 등이 특수문자를 갖고 있는 것은 그들이 오랑캐이기 때문이라는 이유를 들어 한글의 창제를 반대하였다. 세종은 이들의 반대에 세심히 배려하고 그들이 이해하고 따라 오도록 성의를 다하였다. 그러다가 1446년에 이르러 대간의 죄를 한글로 적어 의금부 승정원에 시달하였고 그후에도 수양을 시켜 같은 일을 하게 하면서 한글의 사용이 조금씩 길을 열어가게 되었다.

☞ **Ideas 검정 — 〈열띤 팀 토의: 왕 건 vs 세종대왕〉**

팀원들이 고생해서 조사한 Fact를 바탕으로 많은 시간동안 토의를 했다. 2팀으로 나누어 조사를 했던 만큼 각각의 Fact에 대하여 한 치의 양보도 없이 토의가 진행되었고, 인물에 대한 리더십 유형을 논쟁하는 과정에서 어떤 팀원은 그 인물에 대하여 마치 자기가 책사나 대변자인 것처럼 이야기했다.

1. 왕건을 반대하는 의견

– 이중적인 모습

왕건이 인품 있고, 너그러운 이미지로 표현되었지만 실제로는 이중적인 모습을 많이 보인 것으로 나타났다. 그 예로 신검 형제의 반란을 진압한 후, 견훤의 맏아들이란 이유로 신검을 살려준 것으로 기록되어 있었지만, 정황으로 볼 때 신검은 왕건에게 살해당한 것을 알 수 있었고, 견훤도 얼마 되지 않아 죽은 것으로 보아 왕건이 살해한 것이 틀림없었다. 그러면서도 견훤의 딸을 부인으로 맞이하고 사위를 중용하는 것을 보면 이중적인 행동을 많이 했다고 판단되어진다.

- 계승이 아닌 쿠데타

왕건이 왕이 될 수 있었던 이유는 많았지만, 특히 아버지인 왕융의 역할을 더 크게 보아야 하겠다. 왕융은 해상에서 세력을 키운 신진 세력으로서 당시 삼국의 정세를 판단했을 때, 궁예에게 충성을 바치고 눈에 거슬리지 않게 행동할 것을 아들인 왕건에게 명하였고, 이를 따른 왕건은 궁예의 신임을 받게 되었다. 이렇게 두터운 신뢰관계는 궁예가 미륵이라는 칭호를 써가며 많은 신하들을 제거하기 시작하면서부터 무너지기 시작했다. 결국 궁지에 몰린 신하들은 안위를 위한다는 명분으로 왕권에게 반란을 일으킬 것을 강요하였고, 마침내 왕건은 반란을 일으켜 궁예를 몰아내고 왕위를 차지했다.

반란을 일으키지 않았어도 왕위에 오를 수 있었을 텐데 굳이 반란을 일으켜 왕위에 올라야만 했는지! 결국 자신의 의지가 아닌 신하들에게 이용당한 인물!

- 정략적 혼인

왕위에 오른 후 호족세력들의 견제를 방지하기 위한 무차별적인 혼인은 왕건이 죽은 후 29명의 부인들에게서 얻은 아들들이 서로 왕권을 목적으로 다투게 되면서 부작용을 초래하였다. 결국 자신의 왕권 유지에는 힘이 되었을지 모르나 정략적 혼인으로 인한 문제점은 왕으로서 무책임한 행동으로 보인다.

자신의 왕권 보호를 위해 인륜지대사인 혼인을 악용한 인물이 과연 훌륭한 왕인가?

– 책사에 묻혀버린 리더

왕건 곁에는 훌륭한 책사들이 많이 있었다. 그로 인해 왕건은 목표한 바를 이룰 수가 있었지만, 정작 본인은 책사들의 그늘에 묻혀 왕에 대한 강한 인상을 볼 수 없었다.

많은 사람들과 이야기를 나누어봐도 왕건하면 떠오르는 이미지는 훌륭한 책사들을 둔 것뿐이고, 그중에서 젊은 나이에 요절한 책사 최응을 가장 많이 기억하고 있었던 것으로 나타났다!

2. 세종대왕을 반대하는 의견

– 사회적 혼란

한글은 평민들이 배우는 데 많은 시간과 노력이 필요하고, 양반들은 자신들만이 가졌던 글을 평민들도 쓸 수 있게 된 것에 반대를 하였다. 양반들은 한글을 사용하지 않았고, 평민들은 한글을 학습하는 데 많은 시간이 걸렸다. 그로 인해 사회적 혼란이 증가되었지만 혼란을 줄이기 위한 어떠한 정책도 실행하지 않았다.

한글이 단일민족국가의 정체성을 성립하고, 과학적 언어로서 역사적으로 중요한 건 사실이지만, 이건 결과론적 이야기라고 판단!

– 후계 구도

세종의 아버지 태종이 왕권의 강화와 후계권의 명확성을 위해 장자를 버리고 셋째 아들인 세종대왕을 선택하여 왕위에 등극시켰다. 태종대왕은 세종에게 힘을 실어주기 위해 친인척을 견제함으로써 반란에 대한 불씨를 막아주었고, 세종대왕의 든든한 방패 역할을 했었다. 하지만 세종은 자신의 아버지가 해주었던 역할을 아들인 문종에게는 제대로 하지 못했다.

세종은 부인 소헌 왕후로부터 8남 2녀를 얻었고, 그 중 장자인 문종을 후계자로 정했다. 문종이 등극하고 세 번의 정비를 맞이하는데 그 중 둘은 품행이 단정치 못하여 폐출시켰다. 다행히 후궁이었던 권씨에게서 왕자를 얻었지만 얼마 지나지 않아 권씨가 죽게 되었다.

이후에 문종은 왕비를 들이지 않았고, 세종 역시 소헌 왕후가 1445년에 죽었는데 그후 5년 동안 왕후를 맞이하지 않았기 때문에 다음 후계자인 단종은 끊임없는 호족세력들의 견제와 왕실 친척들 간의 암투에 휘말리게 되어 권력의 기반을 공고히 할 수 없었다.

결국 후계자를 든든히 해줄 기반을 만들지 못한 부분은 역사에 기록될 거대한 오점을 남기게 되었다.

마침내 팀원들 각자가 주장하는 의견이 충분히 수렴되었고, 어느 정도 상대방에게 자신들이 조사하고 분석했던 Fact를 설득력 있게 설명했기 때문에 최종 결론을 내리기로 했다.

열띤 논쟁 속에서 벌어진 두 가지의 리더십 유형 중 하나를 선정하기 위한 방법으로 다수결 원칙에 따라 공평하게 투표를 하기로 하였고, 결국 7명의 지지를 받은 세종대왕이 우리 팀이 생각했던 리더십 유형으로 선정되었다.

왕건을 옹호하던 팀원들 중 3명이 세종대왕을 선택했는데, 그 이유를 들어보니 기존에 세종대왕에 대해 생각했던 관점이 의사결정과정에서 새로운 사실들을 인식함으로써 세종대왕에 대하여 좀더 폭넓게 이해할 수 있었고, 왕건에 대해서는 기존의 생각과 사실이 반증되었기 때문에 최종적으로 세종대왕의 리더십으로 패러다임을 전환시킬 수 있었다고 했다.

예를 들면 한글창제를 반대한 최만리라는 인물을 오랫동안 신임한 세종대왕의 의도와 백성들을 생각하는 여러 가지 정책에서 보여준 모습이 왕건보다 섬기는 리더의 모습에 가깝다고 할 수 있다.

마침내 우리 팀은 다양한 자료를 수집하고 분석한 결과 세종대왕이 우리가 원하는 리더십을 갖춘 인물이라는 결론을 내렸다.

5. 팀 활동 다이어리

Grape팀도 다른 팀 못지않게 많은 모임을 가졌다. 모이기에 힘쓰는 팀은 그만큼 좋은 결과를 낼 수 있다는 것을 보여준 것이다. 매번 모임 때마다 아이디어를 내고, 다음 모임까지 해야 할 일들을 정함으로써 팀원 모두가 각자에게 부여된 자신의 역할 이상을 했다. 그리고 모든 과정 즉 아이디어 탐색과정에서부터 연극 공연에 필요한 세세한 준비물까지 일련의 전 과정을 간략하지만 놓치지 않고 잘 메모해두었다. 이렇게 기록하고 문서화된 자료를 팀원들 간에 공유함으로써 몇 배의 시너지 효과가 생긴 것을 확신할 수 있었다.

ㅁ 첫번째 모임

☞ **시간 및 장소**

- 16:00 ~ 20:00
- 분수대 앞

☞ **연극의 줄거리 선정**

- 한글이 나오기까지의 과정을 연극하자!
- 낮은 신분이지만 역사상 최고의 과학자와 장영실의 관계를 연극하자!

→ 2개 중에 "한글창제"에 초점을 맞추기로 했음

☞ Idea

- 세종대왕을 여자 팀원이 맡아서 새로운 느낌을 부여하자!
- 전체적인 막의 순서를 바꾸자! 즉 어전회의를 먼저하고, 농부를 만나는 방법
- 시간적 흐름에 맞게 구성을 할 것인가? 중요한 사건 중심으로 구성을 할 것인가?

  a. 어전회의 장면: 조금 딱딱한 분위기

  b. 세종대왕이 시찰 나가서 한자를 못 읽는 농부를 만나는 장면: 처음부터 쉽게 시작

  → 2개 중에 무난한 b로 선택

☞ **의상**

- 인터넷으로 빌리는 방법
- 소요비용 생각해서 안 될 경우 한지를 사용하는 방법 검토

☞ **역할별 토의**

- 농부1, 2
- 세종대왕을 따르는 정인지, 신숙주
- 부정적인 입장인 최만리, 신석조
- 세종대왕, 부도승지

☞ **다음시간**

1. 자기 역할 3분 스피치 준비해 올 것(조원들에게 설명할 수 있게)
2. 변화를 어떻게 줄 것인가? 1, 2개 정도 찾아오기
3. 각 막에 대해서 어떻게 할 것인지 생각해오기
4. 대본을 타이핑해서 각 조원에게 메일로 전달 후 대본(변화)을 공유

<u>ㅁ 두번째 모임</u>

☞ **시간 및 장소**

- 17:00~22:00
- 교학관 105호

☞ **우리 조 한 일**

1. 지난번 모임에서 하기로 한 각자의 역할에 대해서 팀원에게 설명

→ 직위를 알면 대사를 할 때 좀더 그 역할의 맛을 살릴 수 있다는 의도

- 부도승지: 이름 알 수 없었음(차라리 내시로 역할을 하면 어떨까?)
- 정인지: 세종대왕의 뜻을 긍정적으로 잘 따르는 신하
- 최만리: 나이가 어림에도 불구하고 똑똑함(세종대왕의 경쟁자)
  한글창제를 반발한다.
- 신석조: 다혈질(다혈질 아버지를 보고서 커왔음)
- 윤사웅: 과학자(백성을 위한 농업 중시)
  첨성대 일을 맡아서 해옴
  세종대왕은 과학을 중시했었음 → 신임을 받음

2. 역할 설명을 듣고서 생각한 것
   최만리를 중심으로 세종대왕과 논쟁을 벌이는 장면을 넣자!

☞ Idea

1. 사극이라는 점에서
   - "황산벌" 영화처럼 사투리를 쓰자!
   - 사극인데, 현대극처럼 만들자!
   - 마지막에 노래를 넣자! 뮤지컬 방식을 참고하자!
   - 개그콘서트 코너인 "역사스페셜" 장면을 삽입하자!
2. 시간
   - 전체 20분: 대사 10분

노래(시작, 끝) 2분 정도

나머지 준비 및

(노래—개콘—노래)형식으로

3. 대사

- 현대식으로 결정(애드립이 필요)

4. 진행

- 한글창제 부분만(장영실 부분 없애기로 함)

- 싸우는 장면(라운드걸: 윤사웅 역)

5. 의상

- 빌리기에 너무 비싸서 만들기로 결정

- 신하들 싸울 때 태권도 호구(청, 홍) 착용하자!

- 세종대왕 의상: 노란색으로 만들자!

☞ **다음시간 해야 할 일**

1. 노래 2곡 완성

- 처음 곡: 한탄의 노래(농부들이 글을 몰라서 겪는 이야기)

- 마지막 곡: 신나고, 흥겨운 노래(다같이)

2. 전체적인 틀을 만들자

☞ **팀장 참고 사항**

- 현재 팀장인 송찬우 팀장이 팀장 일지를 만들자고 제의

- 팀장을 맡으면서 느낀 소감, 계획, 목표 같은 사항을 일지에 기재

- 모두 동의했으며, 이제까지 팀장을 맡았던 송찬우, 김창식 팀원

은 다음 시간에 팀장 노트에 기재할 사항 적어 올 것

<u>□ 세번째 모임</u>

팀이 이루어지고 많은 시간이 흐르면서 점점 팀 활동이 얼마나 중요한지 몸으로 느껴가고 있다. "팀 활동을 하면서 각자가 올바른 행동을 했는지? 팀 활동에 방해되는 행동만 했는지? 또한 앞으로 남은 기간 좀더 발전하기 위해 무엇이 필요한지?"를 알아보기 위해 오늘 모임을 계획했다. 아무래도 이 분야에 많은 경험과 학식이 있는 교수님이나 선배를 만나 자문을 구하는 게 좋을 것 같았다. 마침 본교 HRD 대학원 박사과정에 잘 아는 선배가 있어서 찾아가 인사를 나누고 그동안의 진행 상황과 팀에서 발생한 여러 문제들 그리고 앞으로 계획할 일들에 대해서 이야기를 나누고 상의를 하였다.

선배님은 우리의 이야기를 경청해주시고 앞으로 팀 활동에 도움이 될 페이퍼를 나누어주셨다.

Leadership Practices

• **정보 제공(Informing)**: 업무를 수행하기 위해, 정보를 필요로 하는 사람에게 의사결정, 계획, 활동에 관한 적절한 정보를 배포한다.

• **명확성(clarifying)**: 업무 활동과 업무에 영향을 주는 외부조건에 관한 정보를 수집하고, 일의 진척 정도와 질적 수준을 점검하며, 개인의 성과와 팀의 효과성을 평가한다.

• 계획화(Planning): 장기 목표와 전략을 결정하고, 우선순위에 따라 자원을 배분한다. 과업이나 프로젝트를 달성하기 위하여 어떻게 인적, 물적 자원을 효율적으로 사용할 것인가를 결정한다. 협조성, 생산성, 효과성을 향상하기 위한 방안을 결정한다.

• 문제해결(Problem solving): 업무 관련 문제점을 파악하고, 파악한 문제를 체계적이면서도 시기적절한 방법으로 분석한다. 해결방안을 단호하게 실행에 옮기고, 위기를 해결한다.

• 컨설팅(consulting): 변화를 일으키기 전에 변화에 영향을 받을 사람들과 함께 검토하고, 의사결정에 참여하기를 권장하며, 다른 사람들도 의사결정에 참가하도록 허용한다.

• 위임(Delegating): 팀원에 책임을 할당하고, 책임을 실행하기 위한 재량권과 권한을 준다.

• 영향력(Influencing): 일에 대한 열정, 과업 목표를 달성하고자 하는 열성적 태도, 명령과 요구사항에 대한 공감을 이끌어내기 위해 타당한 근거, 가치, 감정에 호소하는 기법을 활용한다.

• 인정(Recognizing): 우수한 성과, 탁월한 업적, 특별한 공헌을 한 사람들에게 칭찬하고, 감사를 표한다.

• 보상(Rewarding): 우수한 성과와 능력을 나타냈을 때, 급여 인상이나 승진 같은 실질적인 보상을 해준다.

• 지지(Supporting): 친근하고 사려 깊게 행동하며, 인내심을 발휘하고, 협조적이며, 흥분하거나 걱정하는 사람에게 위로하고 격려한다.

• 조언(Mentoring): 경력계획에 관해 상담하고, 기술적 능력을 개발하도록 지원하며, 좀더 나은 경력을 쌓도록 도와준다.

• 인맥 형성(Networking): 비공식적인 사교모임에 참석하고, 정보나 지지를 받을 수 있는 사람들의 친교할 기회를 만들며, 주기적인 방문, 전화, 서신, 회의나 사교 모임 등을 통해서 관계를 유지한다.

• 팀 빌딩(Team building): 갈등을 건설적으로 해결하도록 도와주고, 팀원 간의 협조, 팀워, 일체감을 형성하도록 격려한다.

끝으로 선배님은 이런 말씀을 해 주셨다.

"리더는 누구나 될 수 있지만 아무나 리더가 되겠다고 해서는 안 되며, 리더는 자신의 상처는 곪아 썩을지언정 팀원들의 상처를 입으로 빨아내야 하며, 리더는 팀원들이 편하게 자고 있는 새벽에도 홀로 내 일을 위해 깨어 있어야 한다."

선배님의 마지막 말씀은 많은 여운을 남겼다. 다른 팀원들보다 좋은 학점을 맡기 위한 리더, 권력을 이용해 힘을 과시하는 리더, 훌륭한 리더라고 착각하고 있는 리더 등 우리 모두가 생각해봐야 할 문제다.

□ 네번째 모임

☞ 시간 및 장소

- 19:00~21:00
- 교학관 215호

☞ **우리 조 한 일**

1. 대본 수정

- 처음과 끝부분에 노래를 삽입: 주위 환기 & 주제 전달
- 장영실 부분 삭제: 한글 창제에 관련된 주제에 맞게 세종의 과학 업적 부분은 불필요

2. 대본순서

- 기 : 농부의 다툼을 세종대왕이 중재
- 승 : 어전회의
- 전 : 세종대왕의 최만리 설득
- 결 : 한글창제로 화합

3. 시작 곡 개사

- 육각수의 "흥부가 기가 막혀" → 팀원들 모두 동참하여 개사

흥부가 기가 막혀 흥부가 기가 막혀 흥부가 기가 막혀 흥부가 기가 막혀 흥부가 기가 막혀 (흥부가 기가 막혀) 아이고 성님 동상을 나가라고 하니 어느 곳으로 가오리오 이 엄동설한에 어느 곳으로 가면 산단 말이오 (갈 곳이나 일러주오) 지리산으로 가오리까 백이숙제 주려죽던	돌쇠가 기가 막혀 돌쇠가 기가 막혀 돌쇠가 기가 막혀 돌쇠가 기가 막혀 돌쇠가 기가 막혀 (돌쇠가 기가 막혀) 아이고 성님 이 묘가 아니라고 하니 어느 곳으로 가오리오 이 찜통더위에 어느 곳으로 가면 찾는단 말이오 (갈 곳이나 일러주오) 앞동산으로 가오리까 뒷동산으로 가오리까

수양산으로 가오리까 (아따 이놈아 내가 니 갈 곳까지 알려주랴 잔소리 말고 썩 꺼져라)	망우리로 가오리까 (아따 이놈아 내가 니 조상묘까지 알려주랴 잔소리 말고 썩 꺼져라)

4. 마침 곡 선정

- 쥬얼리의 "니가 참 좋아"
- NRG의 "히트송"
- 유리상자의 "아름다운 세상"

→ 유리상자의 "아름다운 세상"으로 결정

☞ **다음 시간해야 할 일**

- 정인지와 신숙주가 세종에게 힘을 주는 곡을 만들어 오자!

ㅁ 다섯번째 모임

☞ **시간 및 장소**

- 18:00~20:00
- 교학관 215호

☞ **우리 조 한 일**

1. 엔딩곡 개사

- 유리상자의 "아름다운 세상"
- 김창식 학우의 자발적인 참여

문득 외롭다 느낄 땐 하늘을 봐요 같은 태양 아래 있어요 우린 하나예요 마주치는 눈빛으로 만들어가요 나지막이 함께 불러요 사랑의 노래를 작은 가슴 가슴마다 고운 사랑 모아 우리 함께 만들어가요 아름다운 세상	까막눈이라 불편할 땐 한글 배워요 같은 마음으로 있어요 우린 하나예요 마주치는 눈빛으로 만들어가요 나지막이 함께 읽어요 우리의 한글을 한글 창제하신 세종대왕 뜻을 모아 우리 함께 만들어가요 아름다운 세상

2. 대본 수정

- 김지영 학우의 자발적인 참여로 #1 완성

☞ Idea

1. 대사 대자보 만들기 건의

- 세종대왕의 많은 대사분량이 부담이 될 것을 우려하여 대자보를 만들어 부담을 줄이자는 모든 조원들의 생각에서

2. 가사 빔으로 보여주고, 더빙을 하자!

3. 배경: 빔으로 준비

4. 추가

- 세종이 한글창제 반대 상소문으로 근심하고 있을 때 정인지, 신숙주가 노래 불러주자!(율동도 포함)

- 전하 힘내세요! 우리가 있잖아요!

5. 전체적인 흐름: 묘비찾기(기) → 어전회의(승) → 세종대왕 최만리, 신석조 설득(전) → 화합(결)

☞ **다음 시간해야 할 일**

1. 대사 수정해 올 것

 # 2: 이보라, 한수정

 # 3: 유종훈, 김창식

 # 4: 김지영, 김성길

2. 내일 각자 시간표 가지고 와서 시간 짜기

3. 내일 18:00 교학관 앞에서 모임

4. 기승전결 부분 개인별 아이디어

5. 대본은 금요일까지 마무리

ㅁ 여섯번째 모임

☞ **시간 및 장소**

- 19:00~21:20
- 교학관 105호

☞ **교수님께 팀장이 여러 가지 문의 사항 메일 보냈는데, 좋게 평가 받았음 → 사기 상승**

☞ **우리 조 한일**

1. 각자 수정해온 대본 확인 및 수정

- 1막: 농부들
- 2막: 어전회의

- 3막: 최만리, 신석조 설득

2. 세부 내용

- 1막: 지난번 중후가 써온 것을 바탕으로 대본 내용 줄임

  묘비는 사진 혹은 책상으로 만들기

- 2막: 해설자가 왜 이런 상황이 일어났는지 인터뷰 장면으로 시작

→ 즉석에서 팀원끼리 대본 만듦: 정인지, 신숙주, 최만리, 신석조가 다투는 상면을 만들기 위해서

최만리: 중국 황실에서 이 사실을 알아서 대형사고 나면 니네들이 책임질겨?

신석조: 맞아! 니네가 책임질 꺼야?

정인지: 그런데, 전하께서 하자는데 이런 신발……(다투는 장면을 만들기 위해서^^)

신숙주: 저런 신발, 시나리오, 시베리아

최만리: (뭐! 멱살을 잡고) 유생들을 불러 올 테니깐, 그대로 있어!

정인지: 이놈들아! 가긴 어딜가! 이놈들이 말로 해서는 절대로 안 되겠군!

나의 핵주먹을 받아라!

- "인정사정 볼 것 없다" 노래 나온다.

- 3막: 처음 - 정인지, 신숙주 세종께 노래 불러주기

  수정 - 세종대왕이 최만리 설득하는 부분에서 우리의 애국심을 부각시키기 방향으로 수정

- 4막: 다같이 화합해서 한글을 창제하기 위해서 신하들이 열심히 공부하는 장면

  신하 중 신석조의 대사 부분이 적은 이유도 있고, 세종의

뜻을 처음에 안 따랐던 신석조만 혼자서 공부하는 장면을 넣어 세종이 와서 칭찬해주는 방향으로 작성

☞ **팀장 의견**

- 12일은 연습이라 생각한다. PPT자료의 배경이나, 의상은 별로 신경 안 쓰기로 함
- 세종대왕은 대사가 많으므로 대자보 용지에 대사를 쓰기로, 팀원들이 다 생각해 오기

□ 일곱번째 모임

☞ **시간 및 장소**

- 20:00~21:20
- 교학관 105호(여러 조가 강의실 사용해서 찾는데 시간이 많이 걸렸음)

☞ **우리 조 한일**

1. 팀장: 수정된 대본을 나눠줌

   미나 : 마지막 곡 프린트해 와서 나눠줌

2. 노래연습
   - 처음 시작 노래
   - 3막 정인지, 신숙주 "전하 힘내세요" 율동포함
   - 마지막 노래(밝게 부를 것)

- 다 같이 손잡고 인사하고 끝

3. 대사 맞춰보고 시간 측정
  - 약 10분 정도 소요

☞ **피드백(7조 팀장)**

- 자신감을 가지자!
- 우리 중 누구 하나가 잘 하고 못하고가 중요한 것이 아님
- 우리 조가 모두 연극을 하기 전까지 모두 참여했다는 데 의의
- 우리가 할 수 있는 최대한 최선을 다하자!

☞ **다음 시간**

- 20:00 교학관 앞에서 모임
- 각자가 뜻이 안 변하는 선에서 대사하기 편하도록 대본 수정해 올 것
- 대본을 전지에 작성하기
- 소품 만들기

  준비물 : 하드보드지 3장, 전지, A4용지 30장 정도(상은)
  양면테이프, 꽃 준비할 것
- 나머지 준비물 필요한 것 팀원들이 각자 2000원씩 회비를 내서 사기

□ 여덟번째 모임

답답한 일상을 벗어나 새로운 것을 찾아 떠나는 여행!

생각만 해도 새로운 활력과 에너지를 공급해준다. 특히 오늘처럼 맑은 날씨와 같은 꿈을 가진 동료들과 함께 여행을 시작하니 활력이 배가 되는 것 같다. 오늘 가야 할 목적지는 세종대왕 기념관이다. 1973년에 개관이 된 이 건물은 세종대왕 기념 사업회에서 설립한 것으로 세종대왕의 성덕과 위업을 추모하고 성황의 민족 자주 정신과 애민정신 및 과학적 창조정신을 온 국민에게 계승시켜 민족중흥의 역사적 과업을 수행하는 데 기여하고자 설립한 곳이다.

잘 정리된 나무들과 도로를 따라 기념관에 도착했다. 세종대왕의 어진이 전시되어 있는 곳, 한눈에 보아도 왕의 품위를 느낄 수 있었다. 가지런히 정리된 멋진 턱수염과 얼굴의 절반을 차지하는 귀의 크기, 짙은 눈썹과 적당한 크기의 눈 등 이런 표현을 사용해도 될지 모르겠지만 정말 잘생기셨다. 팀원들과 이런 이야기 저런 이야기를 하던 중 여러 가지 정보와 재미있는 이야기들도 알게 되었는데 그중 한 가지는 세종대왕의 가계도였다. 재위기간인 1418년 8월~1450년 2월, 총 31년 6개월 동안 부인이 6명이었고, 자녀가 18남 4녀 총 22명이었다는 사실이었다. 예나 지금이나 잘생기면 얼굴값 하는 것은 변함이 없나보다. 이렇게 팀원들과 웃으며 관람을 하며 기념관을 둘러보고 있을 때, 모두의 시선을 주목시킨 전시물이 나타났다. 그것은 다름 아닌 한글 진열실에 있는 훈민정음 언해본이었다. 세조 5년 1459년에 만들어진 목판본 훈민정음 언해본이다. 사진으로만 보았던 책이

눈앞에 펼쳐진 순간 모두들 말없이 언해본을 주시했다.

시대와 공간을 초월한 느낌! 말로 형언할 수 없는 그런 느낌!

그 후로도 많은 전시물과 사진 등을 관람하였고 역시 세종대왕이 우리 역사에 커다란 획을 그은 위대하고 역량 있는 왕이라는 걸 확인할 수 있었다.

어렸을 때부터 이야기를 통해 수없이 듣고 흔히 볼 수 있는 정보와 내용들을 직접 체험하고 우리만의 것으로 만들어가고 있는 우리 Grape팀!

지금 내가 느끼는 감정들을 글로 다 표현하지 못하지만 세종대왕기념관을 다녀온 후 나뿐만 아니라 우리 모두의 마음속에는 우리만이 느낄 수 있는 하나의 강한 유대감과 커다란 자부심이 자리잡았을 것이다.

□ 아홉번째 모임

☞ 시간 및 장소

- 20:00~24:00
- 교학관 106호

☞ 오늘 의견

1. 대사 기억이 안 날 경우 흐름은 다 알고 있으니깐, 애드립이 필

요함

2. 시작하기 전에 학자들, 세종대왕 의자 미리 갖다놓고 시작하기로 함.

3. 책상 위에 대본을 놔두기 (상황이 공부를 하는 상황이므로, 참고할 것)

4. 1막에서 농부1, 농부2 부인들은 대사도 없고, 노래 부를 때만 옆에 있어야 하므로 그냥 빼기로 함

5. 각 부분 관중의 호응을 얻기 위한 추가 사항 넣었음

- 인물등장시 카트라이더 노래 삽입
- 신석조, 최만리 등장시 만사마 흉내

6. 1막 때 음향담당이 연기하므로, 팀장이 음향과 배경을 담당하기로 함

☞ **우리 조 한 일**

1. 추가사항 포함해서 대사 연습
2. 연습장면 사진촬영

ㅁ 열번째 모임

☞ **시간 및 장소**

- 수업 시간
- 교학관 401호

☞ **리허설**

1. 우리 조 자발적으로 제일 처음으로 리허설을 함
   → 수업 전에 모두들 동의한 내용이었으며, 미리 준비를 했음
2. 팀장이 우리 조 공연에 대해 미리 설명을 함
3. 반응
   - 모두들 생각보다 떨지 않고 잘 했음
   - 세종대왕이 최만리를 설득하는 부분(중국 사람도 죽을 때까지 다 못하는 3가지)에서 교수님도 흡족해하시는 것 같았음
4. 소요시간: 14분정도
   - 실제공연시 내용 추가 필요

☞ **다른 조에게 배울 점**

- 주인공들의 연기에서 리더십 부분이 잘 표현됨(케네디, 현부장)

☞ **연극의 방향 제시 (교수님)**

- 해설자가 이야기해줘야 됨

(전체 배경과 막이 시작할 때와 끝날 때, 인물소개, 연극을 통해 우리가 느낀 리더십 등)

- 연기자 이름을 직접 달 것
- 연극을 통해 의미를 전달할 수 있어야 됨(의사소통이 되어야 함)
- 연기자는 몰입이 필요(관객들이 알 수 있도록)
- 연극이 어설프더라도 질의응답을 통해 의미를 전달해야 됨

☞ **우리 조 최종 공연 날짜**

– 12월 2일로 결정되었음

□ 실제 연극 공연

6. 연극이 끝난 후(Epilogue)

"세종대왕 리더십" 얼핏 보면 너무 유명해서 자칫 평범해 보일 수 있는 주제를 연극으로 표현하기가 쉽지 않았다.

많은 사람들이 이미 상식적으로 알고 있는 세종대왕 관련 지식을 뛰어넘기 위해서는 모든 팀원들의 지혜를 하나로 모아가는 노력들이 필요했었다.

전 팀원들이 세종대왕 기념관을 직접 탐방하는 것은 물론 방대한 자료의 수집과 분석정리 및 전문가와의 미팅 등 뜨거운 열의와 부지런함이 없었다면 이처럼 평생 기억에 남을 연극은 없었을 것이다. "Idea → Fact → Learning Issue → Idea 검정"에 이르는 일련의 탐색 과정을 단순히 절차만 거친다는 식의 평범한 형태로 진행했더라면 지금과 같은 이야기는 분명 쓸 수가 없을 것이다.

그리고 우리 팀에는 정말 보석과 같은 숨은 2인자들이 있었다. 요란하게 눈에 띄거나 드러나게 행동하지는 않았지만 진지하게 자신의 역할을 다하면서 팀원들을 도와주는 그들이 있었기에 모든 팀원들의 눈은 빛나기 시작했고 가슴들은 뜨거워졌다. 모두의 신뢰를 받으면서 팀을 즐겁게 한 "Hidden Champion 즉 위대한 조연들"이 있었기에 우리 팀의 연극은 성공을 거둘 수 있었다.

지나고 보니 이들 모두가 우리 팀의 가장 소중한 리더십 스승들이 아니었나 생각된다.

2학점짜리 교양과목 하나 수강한다고 해서 리더십이 얼마나 달라질 수 있을까.

더욱이 출석 체크도 따로 하지 않고 수업 시간에 교실이 아닌 외부에서 모임을 가져도 무방하다는 교수님의 수업 진행 방식을 전해 듣고는 수월하게 학점을 받을 수 있겠구나라는 생각이 제일 먼저 들었다.

이러한 연유로 처음엔 팀 활동에 적당히 참여하려는 팀원들도 없지 않았다. 하지만 이런저런 이유와 핑계로 뒤로 빠지려던 팀원들이 어느새 달라지기 시작했다. 자신의 역할 이상을 하고 있는 숨은 보석들이 있음을 알기 시작하면서부터였다. 때로는 남들이 해야 할 과제까지도 그들은 도맡아 해주었다. 불만이 생길 만도 한데 내색하지 않고 묵묵히 일이 진행되도록 배려하고 도와주는 것이었다. 정말이지 그들은 우리 팀에 있어서 한 알의 밀알이었다!

팀 활동 내내 남을 배려하는 마음과 사소한 것에도 정성을 다했던 위대한 조연들 지금 그들의 모습이 눈에 선하다.

한 학기 동안의 리더십 여행을 마감하는 이 순간 우리들이 배우고 깨달은 것은 과연 무엇일까. 스스로에게 질문을 해보지만 오늘은 왠지 더욱 각별한 의미로 다가옴을 느낄 수 있다.

일방적으로 강요하고 명령하는 리더가 아니라, 팀원들과의 신뢰 속에서 긴밀한 대화와 상호작용이 제일 중요하다는 것을 깨우쳤다. "나를 따르라"가 아니라 "나와 함께 가자"라는 것임을 알았다. 리더십이 사람을 다루는 기술이기보다는 진실한 마음으로 상대를 대하는 마음가짐에서부터 나옴을 알았다. 진실한 마음으로부터 사람들의 마음을 움직이는 것! 이것이 바로 진정한 리더십이 아닐까 생각해본다.

| 사례 2 |

"NANTA를 만드는 사람들"

▶ 팀명: Let's to J. J 팀

▶ 이야기 목차

1. 연극 줄거리(Synopsis)

2. 의미 있는 장면들(Meaning)

〈1막〉 송승환의 회상

〈2막〉 전체회의 장면 회상

〈3막〉 수타면에 의한 갈등

〈4막〉 마지막 리허설

〈5막〉 첫 공연 무대

3. 우리 팀의 성장과정(Story Telling)

4. 우리 팀의 얼굴들(Character)

브로드웨이를 감동시킨 한소리 큰 어울림
— 송승환의 난타 리더십

1. 연극 줄거리(Synopsis)

때는, 1997년 송승환이 처음으로 난타를 제작했을 때이다. 우리들의 이야기는 송승환이 첫 공연을 위한 공연장으로 향하면서 시작된다.

공연장으로 향하는 도중, 연극을 하는 극단이라면 한번쯤 가고 싶어 하는 미국의 브로드웨이 거리에서 송승환이 제작한 난타에 관심있어 하면서 한번쯤 브로드웨이에서 공연을 해보지 않겠냐면서 제안을 하는 전화가 온다. 송승환은 기뻐하면서, 자신이 제작한 난타를 완성시키기 위해 얼마나 고된 노력을 해왔는지 회상하게 된다.

첫 공연인 만큼 신중에 신중을 가하며, 여러 스텝들의 의견을 들어보는 송승환. 지난번 회의, 작가가 자기 스토리와 지금의 의상이 맞지 않는다고 불만을 털어 놓는다. 코디는 여러 의견을 들어보고 자기 생각을 덧붙여 문제를 잘 해결한다.

다음 회의, 조명이 너무 강하다는 문제로 결국 배우들이 불만을 가지게 된다. 조명이 너무 눈이 부셔서 난타를 하기 힘들다는 배우들과, 조명문제 때문이라는 말에 상처받는 소심한 조명감독. 이들의 갈등은 하나하나 서로에게 영향을 주게 된다. 작가는 배우들의 연습이 부족한 것이 아니냐면서 트집을 잡고, 배우들은 자신들의 노력을 몰라준다며 극구 반발한다. 또 이들의 대화를 옆에서 듣고 있던 우유부단한 무대감독. 무대를 뒤로 옮겨 빛을 적게 받으면 어떠냐는 의견을 제시한다. 그런데 여기서 또다시 갈등이 생기는데, 무대감독의 말을 들은 음향 감독. 무대가 뒤로 가게 되면, 소리가 관객들에게 전달되기 힘들다고 반대한다. 이에 무대감독은 순순히 순응하고 만다. 이들의 갈등을 옆에서 듣고 있던 연출자. 중재에 나선다. 각 감독들에게 문제점을 재차 확인하고, 중재를 시도하지만 마땅한 해결책이 없어 갈등하고 있는 사이, 황당한 성격의 캐릭터 코디가 선글라스 착용을 제시한다. 모두의 의견을 소중히 하는 연출자. 선글라스는 지금의 이미지와 맞지 않는다며, 타이르고 다른 방도를 위해 또다시 고민한다.

이를 지켜보며 묵묵히 있던 송승환. 조명감독에게 조명 세기로는 근본적인 문제가 해결될 것 같지 않다면서, 같은 밝기에서 눈에 무리가 덜 가는 다른 색깔을 맞춰보는 것이 어떤가 하고 제시한다. 모두들 배우가 보이려면 어느 정도의 밝기는 유지가 되어야 한다는 생각에 좋은 의견이라 생각한다. 결국 조명 색상을 바꾸기로 하고, 음향감독이 도와주기로 한다.

장소는 옮겨져서 연습장. 연습장에서 배우 셋이 밀가루 반죽으로 소리를 맞추는 것을 연습을 하고 있다. 평소에 밀가루 반죽에 대해 불만이 있던 여자 배우. 결국 불만이 터지고 만다. 하지만 긍정적으로 생각하자며 타이르는 배우, 맏형 역할을 하는 head chef였다. 다른 배우들은 불만을 가지고 있지만, 어쩔 수 없이 다시 연습을 시작한다.

이때, 연습하느라 힘들어하는 배우들을 격려차 작가와 연출자가 야식을 들고 연습장에 방문한다. 다들 연습하느라 배고픈 상태여서 먹느라 정신이 없다. 그때, 배우들에게 밀가루 반죽으로 내는 소리가 맞지 않고, 소리가 작다면서 지적하는 음향감독. 이에 그렇지 않아도 불만을 가지고 있던 여자배우가 자기입장을 털어 놓는다. 소리를 내는 것도 힘든데, 거기에 셋이서 소리를 똑같이 맞춰서 낸다는 것이 너무 힘들다는 것이다. 그중 배우 하나가 그 장면을 뺐으면 하는 의견을 제시한다. 하지만 자신의 완벽한 줄거리를 주장하는 완벽주의자 작가. 작가는 이 장면을 빼면 줄거리에 맞지 않는다며 배우들의 연습부족을 탓한다. 이에 연출자는, 스토리는 그대로 가는 방향으로 작가의 자존심을 세워주면서, 배우들이 밀가루 반죽이 힘들다고 하니 그와 유사한 방책을 찾아보는 게 어떻겠냐고 의견을 제시한다.

이 갈등은 자신들만의 의견으로 해결해서는 안 되는 중대한 방안이라 생각하고, 다른 스텝들도 부르게 된다. 많은 사람들 사이에서 나오는 많은 대책들. 자신들의 공연을 위해 이리저리 닥쳐질 환경을 생각하면서, 결국 최적의 방법을 하나 채택하게 된다. 작가의 완벽성을 흩뜨리지 않으며, 배우들이 하기에 쉽고, 음향감독이 원하는 소리를 낼 수 있는 방법. 배우들은 새로 채택된 방안에 만족해하며 다시 연습을 시작한다.

회상하는 도중 잠들어 버린 송승환. 공연장에 도착하면서 잠에서 깬다. 이제 공연장으로 들어가야 하지만 자신이 제작한 난타에 자신감을 잠시 잃어버린 송승환. 이에 김 기사는 송승환에게 자신의 신념을 끝까지 믿으라며 격려한다. 잠시 잃었던 자신감을 다시 회복하고, 송승환은 공연장으로 들어간다.

송승환이 공연장에 들어서면서 보게 되는 광경은 모든 스텝들이 자기 분야의 자리에서 열심히 하고 있는 모습. 그 모습을 보면서 송승환은 괜한 걱정을 했다면서 생각하고 뿌듯해한다. 뿌듯한 마음으로 연출자와 함께 마지막 점검을 하러 가는 송승환. 조명, 무대, 배우, 등등 모두들이 완벽하게 준비된 것을 확인한 송승환. 마지막 격려를 마치고 모두들 모인 가운데에서 자신의 얘기를 한다. "첫 공연이라 완벽을 바라지는 않았네. 단지 처음 한다는 것에 의미를 두려 했지. 하지만 모두 다 열심인 모습을 보고, 나는 확신했네. 이 공연이 성공할 것이라고. 성공적인 공연을 위해 최선을 다하자"라고 자신감을 주는 송승환. 모두들 파이팅을 외치고 자신의 자리로 돌아간다.

첫 공연의 막은 모두가 설레는 가운데 시작된다.

2. 의미 있는 장면들 (무엇을 보여주려 했나)

〈1막〉 송승환의 회상

우리 연극은 귀에 익은 노랫소리와 함께 인기 있는 개그프로를 패러디하면서부터 시작한다. 연극을 처음 시작하는 부분에서 그 개그프로에서 나왔던 음악으로 관객들이 다음을 예상하고 또 기대하도록 만들었다. 또 개그프로를 패러디하면서 운전해~ 등의 재미있는 요소로 관객들이 연극에 주목하도록 했다.

첫 공연을 하는 날 공연장으로 향한다.

송승환에게 브로드웨이에서 전화가 오는 설정으로 송승환이 난타로 어느 정도의 성공을 이루어 냈다는 것을 보여주고 싶었다. 또 다음 막을 위해서 현재 성공을 이룬 송승환이 지금까지의 힘들었던 여정을 떠올리도록 설정했다.

〈2막〉 전체회의 (회상)

본격적으로 송승환이 회상하는 부분이 시작된다.

이 막에서는 각각 개개인들의 성격을 나타낸다. 문제가 처음으로 발생하는 부분이다. 또한 송승환의 문제가 발생했을 때의 해결능력을 보여준다.

회의가 시작되고 조명에 대한 문제가 발생한다. 조명을 줄이자는 배우 쪽과, 안 된다는 조명감독 쪽이 팽팽하게 대립하고 해결책을 찾아내지 못하는 상황에서 송승환은 조명 색을 바꿔보자는 제안을 한다. 분명히 난타에서 대표이자 기획자인 송승환은 어느 한 쪽의 의견만을 들어줄 수는 없다. 그래서 송승환에게는 모두를 포용하고, 최상을 만들어 낼 수 있는 능력이 필요하다고 생각했다. 조명 색을 바꿔보자는 제안은 타협점을 찾지 못하는 문제에서 어느 쪽의 희생을 요구하지 않는 해결방안을 제시하는 송승환의 재기를 보여준다. 또한 송승환이 보통의 사람들과는 문제를 바라보는 시선이 다르고 다른 각도에서 생각한다는 점을 보여주고 싶었다.

〈3막〉 수타면에 의한 갈등(회상)

이 막에서는 송승환이 없는 상황에서 연출자가 다른 스텝들과 배우를 통솔하고 중재하는 모습을 보여준다. 또한 문제가 발생했을 때, 모두가 함께 해결하려고 노력하는 모습을 보여주도록 했다.

대표로서 송승환이 여러 문제에 대해서 해결하고, 모두를 통솔하지만 분명히 처음부터 끝까지 사소한 모든 것을 알고 함께할 수는 없다고 생각했다. 그래서 3막에서는 송승환이 부재중이라는 설정으로 연출자의 리더십을 보여주려고 했다. 수타면에 대한 문제가 발생하고 연출자가 모두의 의견을 수용하고 또 존중하는 모습을 볼 수 있다.

또한 이 막에서는 수타면에 대한 문제에 대해서 모든 스텝들이 열띤 토론을 하는 모습이 나온다. 그 안에는 자신의 의견을 분명하게 말하는 모습과 더 좋은 의견이 나왔을 때는 자신의 의견을 굽힐 줄도 아는 모습을 볼 수 있다. 열띤 토론을 최상의 결과를 만들어낸다. 또한 공통된 한가지의 목표를 향해 서로가 서로의 조력자가 되어 함께 나아가는 모습을 모여주고 싶었다.

〈4막〉 마지막 리허설(현실)

이 막에서는 다시 현실로 돌아온다. 다시 한번 개그 패러디로 다소 처져 있는 분위기에 생기를 불어넣고, 다소 흐트러진 관객의 이목을 집중시킨다.

공연장으로 향하는 송승환, 김기사와의 대화에서는 첫 공연에 대한 부담감과 불안감을 엿볼 수 있다. 하지만 공연장 안으로 들어가자, 불안감은 눈 녹듯이 사라진다. 늘 소심했고 자기주장을 하지 못했던 조명감독은 조명에 대해 조사하고 그를 토대로 여기저기 발품을 팔아 최고의 조명을 만들어냈고 이제 그의 말투와 행동에서는 자신감이 묻어나기 시작한다. 우유부단하던 무대감독은 조명이 바뀜에 따라 혼자 커튼 색을 바꾸는 모습이 나타난다.

배우들은 공연직전까지 연습이 한창이고 다들 자신의 일에 최선을 다하는 모습이 보인다. 우리가 생각한 리더십은 각자 자신의 일에 최선을 다할 때라고 생각했다. 또한 공연 직전 모두가 파이팅을 외치는 모습을 보여줌으로써 단합되고 의욕적인 모습을 보여주려고 했다.

〈5막〉 첫 공연(현실)

5막에서는 출연자 모두가 나와서 난타공연을 한다.

난타는 중간 한사람이라도 틀리게 되면 소리가 달라지므로 모든 사람들이 단합되었을 때 최상의 소리를 만들어낸다. 또한 자신이 맡은 부분에서 최선을 다하는 모습을 보여줄 수 있는 최대의 기회라고 생각한다. 각자 자신의 일에서 최선을 다할 때 최고의 결과를 낳을 수 있고 또 그것이 우리가 보여주고자 하는 리더십이라고 생각하기에 우리는 난타를 통해서 열정을 다하는 모습을 보여주려고 했다.

3. 우리 팀의 성장과정(Story Telling)

● 기(起)

조용하다. 진지하다. 멀쩡하다.

이런 말들이 우리 조와 가장 어울리지 않았을까 생각된다. 리더십 강의가 굉장히 인기가 많다는 소문을 듣고 치열한 경쟁을 뚫어 들어온 강의실이었다. 친구들 몇 명만 알고 모르는 사람, 얼굴만 아는 사람들이 전부였다. 그중에서 6 : 1 정도의 확률로 우리 10명이 모인 것이다. 이건 어디까지나 개인적인 생각이지만 우리 조 사람들은 대체적으로 인상이 좋아서 그런지 느낌이 좋았다.

누구나 처음은 어색한 법이지만 우리 조는 그게 좀 심했다. 그런데 단 한 사람! 그 사람만은 열심히 말하고 있는 것이 아닌가. 그렇게 조금씩 우린 서로의 이야기를 하기 시작했다.

처음이었다.

조를 만들자마자 우리들은 서로에게 지금껏 어떤 일이 있었고 또 어떤 생각을 가지고 있는지 알게 되었다. 그것은……

초등학교 때 장난치다 다쳐서 손등에 흉터가 남은 일, 먹어도 먹어도 살이 찌지 않는 체질이라 스트레스라는 것, 자기 스스로 모든 것을 해내고 싶어서 친구들과 수강신청을 다르게 했다는 얘기, 연극이 너무 해보고 싶어서 왔다는 사람, 가정형편이 어려워서 휴학하고 일을 했었지만 지금은 오히려 그것이 많은 도움이 된다는 것 등등. 이상하게도 평소와 달리 다른 사람들에게 잘 하지 않던 이야기까지 하게 된 것 같다. 그렇게 해서 우리는 조금 더 가까워졌고 모든 이들의 공통점인 '진지'를 컨셉으로 'Let's to J.J' 라는 이름의 조가 결성되었다.

Who? Why? How?

간디, 나폴레옹, 송승환, 광개토대왕, 정주영, 마틴 루터 킹, 체 게바라, 예수, 넬슨 만델라, 안창호~

누가 좋을까? 어떤 Leadership을 보여주지? 연극으로는 어떻게 표현할까? 많은 의견들이 나왔고, 우리들끼리의 경쟁이 치열했다. 그중에서 최종적으로 간디와 송승환으로 최종후보가 좁혀졌다. 그리고는 난타라는 참신한 소재가 조원들에게 많은 사랑을 받으며 결국 주인공으로 당첨되었다.

● 승(承)

큰 기둥은 세워졌다.

이제 송승환에 대해서 낱낱이 조사하는 일을 해보자. 그 사람의 가족관계, 친구관계, 유년시절, 배우시절, 기획자로서의 능력 등등. 그리고 또 하나, 난타에 대해서도 기획 의도나 공연 동영상을 보며 철저히 분석하기로 하였다. 다행히도 최근에 송승환이 낸 책이 있어서 우리들은 그 사람에 대한 생각에 대해 조금 더 쉽게 파악할 수 있었다.

Leadership이 뭐지?

송승환에 대해 조사하고, 난타에 대해 조사하면서 우리들은 가장 근본적인 문제에 접근하게 되었다. 도대체 Leadership이란 것이 무엇을 말하는가. 교수님께서 말씀해 주신 Leadership과 뿌리가 같은 호기심, 창의성, 혁신, 학습 등의 단어를 되새겨보았다. 그리고 많은 토론 끝에 내린 결론은 바로 송승환 한 사람의 Leadership이 아닌 '난타' 라는 작품에 참여한 모두의 Leadership을 보여주자였다. 드디어 우리 연극의 작은 기둥이 세워진 것이다.

창작의 고통

주인공을 정했을 때보다 10배 아니 100배 아니 1000배는 더 힘든 과정이었다. 우선 연극의 기획 의도를 확실히 결정하고 나서 우리는 연극에 나오는 인물과 그 성격을 정하고 초반의 이미지대로 각자 배역을 하나씩 맡았다. 문제는 지금부터다. 연극의 대략적인 줄거리를 잡고 각각의 에피소드를 생각하고 막을 나눠서 그에 맞는 내용을 넣기까지 정말 수정에 수정을 거친 대본작업이 몇 주일에 걸쳐 이루어졌다.

이 과정에 대해 더 자세히 이야기하면, 처음에는 연극에 넣고 싶은 에피소드를 각자 자신이 맡은 배역과 관련해서 지어오기로 하였다. 그런데 이렇게 하다 보니 이 많은 에피소드들을 이어주는 어떤 선이 없는 것 같은 느낌이 들었다. 그래서 우린 다시 연극의 시작과 끝을 확실히 정하고 준비해온 에피소드를 토대로 큰 줄거리를 만들었다. 그렇게 하여 우리 연극의 가장 기본적인 틀이 된 5개의 막이 생겨났다. 그 다음엔 각 막에 맞는 내용을 좀더 구체화시키는 작업에 들어갔다. 일단 기본적으로 갈등을 겪는 에피소드를 2개 정도 넣고 마지막에 우리들이 직접 난타를 하기로 결정하였다.

1막은 우리의 연극이 어디를 시점으로 하고 있는지를 제시해주는 막이다. 따라서 요즘 가장 인기 있는 개그 프로인 '사모님'을 패러디한 '사장님'으로 하자는 의견이 만장일치로 결정되었다.

2막은 난타가 기획되고 배우들을 뽑고 대본이 나와서 본격적인 연습을 하고 있는 상황이 바탕이 되었다. 그러던 중 전체회의 시간에 누군가가 문제를 제기하고 그에 관련해서 연극에 참여하는 사람들끼리 갈등이 생기는데 이를 결과적으로 어떻게 해결하는지를 보여주고 싶었다. 특히 이 대목에서 등장인물의 성격을 확실히 표현하고 송승환의 카리스마를 살짝 엿볼 수 있게 하기 위해 노력하였다.

3막은 또 하나의 갈등이다. 여기서 핵심은 송승환이 없이 어떤 문제를 해결해나가는 사람들의 모습을 보여주는 것이었다. 사람들은 각자 맡은 분야를 중심으로 자신의 이야기를 하기도 하고, 또 그 외적인 부분에서도 자신들의 생각을 얘기해서 최상의 해결책을 찾는 대목이다. 이때에는 연출자의 중재가 중요한 역할을 하게 된다.

4막은 다시 현실이다. 연극의 통일성? 이어짐을 보여주기 위해서 1막의 '사장님'의 상황에서 이어져 회상에서 깨어나 현실의 상황을 보여주기로 하였다. 이때 우리가 연극에서 자세히 보여주지 못한 송승환의 난타에 대한 고뇌를 김기사와의 대화로 표현해보았다. 그러고 나서 정말 이 막의 핵심인 사람들의 의욕적이고 단합된 모습을 보여주는 리허설 장면을 넣었다. 초반에는 서로 삐그덕거리고 의견 조율이 힘들었지만 어느새 모두가 하나된 마음으로 각자 맡은 분야에서 최선을 다한다는 모습을 보여줌으로써 관객과 우리가 모두 앞으로의 난타공연에 대한 호기심과 기대감을 듬뿍 가졌으면 했다.

5막. 드디어 난타다. 연극 속에서 또 하나의 넌버벌 퍼포먼스 연극을 하는 우리였다. 우리들의 열정이 있는 그대로 표현될 수 있게 멋진 공연을 하기로 했다.

● **전(轉)**

나도 바쁜 사람이야.

모두가 그랬다. 유일하게 수업시간보다 수업 외 시간에 훨씬 더 많이 조모임을 갖는 과목이었고 한 번 모이면 한 시간은 우습게 지나갔고, 두 시간은 기본이며, 불붙으면 세 시간까지도 회의를 했다. 그런데 문제는 모두의 의견이 모아져야 하는데 점점 한두 사람씩 이유를 대며 모임을 빠지기 시작한 것이다. 처음에는 그래도 10명 중에 6~8명이서 하는데 큰 문제는 없겠지…… 그렇게 생각했다. 하지만 완전히 모이지 않은 상태에서 결정된 내용들은 다음에 다시 모이게 되면 누군가가 반대 의견을 내고 번복되기 일쑤였다. 그러면서 나오던 사람들만 계속해서 나오고 빠지는 사람은 계속해서 빠지니 사람들의 불만과 짜증은 점점 더 커져갔다. 이럴 땐 누군가 따끔하게 한 마디 할 사람이 필요하다. 바로바로 우리들의 투표로 뽑힌 조장~ 그리하여 조장의 일침을 놓는 장문의 문자가 조원들에게 도착하였고, 사람들은 그 문자를 보고 자신의 행동들을 되돌아보았다.

난타를 할 수 있을까?

대본을 5~6차례 수정하여 드디어 최종 대본이 나오고, 이제 연극 속에서 보여줄 난타를 만들 차례다. 초반에 송승환을 하기로 결정하고 난타에 대하여 조사하였을 때에 짤막한 난타 동영상을 보았는데 막상 우리가 이 빠른 사물놀이 장단을 하려고 하니 이만저만 어려운 일이 아니었다. 난타, 난타, 난타라…… 어떻게 하면 정말 난타공연처럼 신나고 멋지게 보일 수 있을까? 우리 조 사람들은 이 부분에 대해서 다 같이 심각하세 고민하고 있었다.

그러던 찰나! 조원 한명이 자신이 드럼을 조금 배웠는데 음악을 듣고 간단한 악보는 만들 수 있다고 하는 것이 아닌가! 지금 생각해봐도 정말 듣던 중 반가운 소리였다. 그리하여 우리는 원래 난타에서 보여주는 사물놀이 장단이 아닌 새로운 우리만의 리듬을 넣기로 하였다. 곡 선정은 생각보다 빠르게 진행되었다. 강한 비트가 들어가면서 의욕적이고 신나는 음악을 찾다가 누구나 한번은 들어봤을 만한 스타(게임)에 나오는 소리와 베토벤의 음악을 섞어 놓은 자료를 보게 되었다. 그래! 이거다! 관객들에게 친숙하면서도 재미를 줄 수 있겠구나 생각하며 우리의 연극은 점점 더 살을 붙여가기 시작했다.

행운

이상하게도 우리 조는 처음에 각자 맡은 배역과 꼭 맞는 능력을 갖추고 있었다. 예를 들면, 음향감독은 실제로 음향을 보통 사람들보다 잘 다루었고, 조명감독은 유일하게 소극장과 대강당의 조명을 만져

보았고, 무대감독은 통학생이어서 소품을 사올 수 있었다. 어쩜 이렇게도 딱딱 들어맞는지~♬ 일이 순조롭게 진행될수록 우리 조는 점점 단단해져갔다. 참고로 난타공연에 사용한 깡통과 드럼통, 대나무채, 파이프 등은 학교 쓰레기장에서 자체적으로 협찬받아 재활용한 것이다.

● 결(結)

주사위는 던져졌다. 이제는 연습 또 연습이다!

대본 연습을 하면서 느낀 것은 아무리 완벽하게 짜여진 대사라도 그걸 외워서 그대로 한다고 생각하면 연기가 어색해진다는 것이었다. 다행히 우리는 다른 조와는 다르게 현대극이고 일상생활에서 벌어지는 일을 다루었기 때문에 충분히 애드립으로 자연스러운 대사를 만들어낼 수 있었다. 그렇게 하니 회를 거듭할수록 자신만의 색깔을 낼 수 있는 말투나 제스처가 생겨나기 시작했다. 아주 자연스럽게~

지금도 어디선가 스타 게임을 하고 있으면 나도 모르게 박자를 맞추고 있을 것 같은 느낌이 든다. 그만큼 지겹도록 한 곡만 무한반복으로 재생시켜 놓고 연습을 했다.

처음에는 서로의 소리가 맞지 않아서 시끄럽고 정신없기만 했는데 이것도 회를 거듭할수록 점점 하나의 소리로 모아지기 시작하자 연습하는 것이 즐거워졌다. 솔직히 말해서 대본연습보다 난타연습만 하고 싶을 정도였다.

하늘의 선물

눈이 왔다. 교수님이 말씀하신 대로 정말 우리들의 연극에 감동받아서일까? 이유가 어찌됐든 드디어 그날이 온 것이다. 다들 시험기간으로 저마다 바쁜데도 불구하고 하루에도 몇 시간씩 연습하여 준비한 공연이 이제 막 시작되려 한다. 완벽하진 않았다. 실수도 있었다. 하지만 우리의 노력이 우리의 열정이 관객들에게 그대로 전해졌으리라 생각한다. 우리 조가 최고였다.

누구보다도 더! 아무렴!

Leadership & Communication

뿌듯하다. 정말 이런 것이 Leadership이구나! 이런 것이 Communication이구나! 학기 초에 교수님께서 강조하셨던 액션러닝의 의미와 내용을 떠올리면서 또 연극을 하면서 우리들은 참 많은 것을 깨닫게 된 것 같다. 앞으로 또 이런 수업을 받을 수 있을까. 매일 정해진 시간이 되면 강의실 의자에 앉아 교수님의 말씀을 그저 열심히 들으며 메모해왔던 다른 수업들에 비해 직접 내 발로 뛰어다니며 배운 것들의 힘이 이렇게 클 줄은 정말 몰랐다. 이 느낌을 어떻게 말로 표현해야 할지……

사람은 혼자가 아니다. 어떤 사람이든 다른 사람들과 의사소통을 하고 집단에 속하게 된다. 그럴 때 우리는 어떻게 해야 하는가? 그냥 가만히 남들이 하는 얘기나 듣고 하자는 대로 하라는 대로 하면 그만인가? 아니다. 이제 우리는 그 속에서 나의 Leadership을 발휘할 수 있다. 이것이야말로 이번 학기 우리들의 가장 큰 수확이 아닐까 생각된다.

4. 우리 팀의 인물소개(Character)

기획자: 송승환, 냉정하고 카리스마적인 인물.

연출자: 노 피디, 포용력이 있고 관대해 주로 중재적인 역할을 잘해 냄.

작가: 완벽주의자에 말투는 직설적이나 이는 불완전한 연극을 좀 더 완벽하게 만드는 밑거름이 되기도 함.

무대감독: 우유부단하여 결정을 잘 못하고 고민이 많으나 다양하고 독특한 발상으로 연극에 많은 공헌.

조명감독: 소심하고 자신의 의견을 제대로 표현하지 못하나 뒤로 갈수록 주위의 격려와 믿음으로 자신의 맡은 바 역할에 충실.

음악감독: 가끔 잘난 척을 잘하지만 매우 활동적으로 자신의 역할에 굉장한 프라이드를 가지고 있음.

코디, 김기사: 1인 2역. 덤벙거려서 실수를 많이 하지만 그로 인해 무거웠던 분위기를 잘 풀어주는 분위기 메이커.

배우 head chef: 오지랖이 넓고 팀의 분위기 메이커. 스탭들의 만형 역할

배우 female: 깡이 세고 도도하며 공주병 증세가 보이나 연극에 자신의 모든 것을 걸고 열정적으로 임함.

배우 nephew: 팀의 막내로서 애교가 넘치며 이 애교를 이용하여 형과 누나들 사이의 중재역할.

| 사례 3 |

"아우내 장터의 장한 별"

▶ 팀명: 큰일 낼 팀

▶ 이야기 목차

1. 연극 줄거리(Synopsis)
2. 등장인물(Character)
3. 리더십 관점에서의 의미(Meaning)
4. 우리 팀의 성장과정(Story Telling)

민족과 함께 영원히 빛날 아우내 장터의 장한 별
— 유관순 열사의 위풍당당 리더십

1. 연극 줄거리(Synopsis)

3·1운동에 참여했던 이화학당의 선생님과 동무들이 일본순사들에게 잡혀가고 휴교하게 되어 유관순은 친구들과 기차를 타고 고향으로 내려간다. 기차 안에서 유관순은 독립운동의 규모가 점차 작아지는 것을 걱정하고 고향 사람들과 만세운동을 하기로 친구들과 결심한다. 고향에 내려온 유관순은 어머니의 만류에도 불구하고 독립운동에 앞장서겠다는 뜻을 굽히지 않는다.

유관순은 마을 사람들에게 자신의 뜻을 알리고 독립운동에 주축을 이룰 수 있는 조직을 형성하기 시작한다. 어렸을 적에 글을 배웠던 조인원과 어리고 여자라는 이유로 무시하는 방앗간 주인 김구응을 결의에 찬 눈빛으로 설득한다. 그리고 사람들을 모아 마을회관에서 비밀리에 모임을 가져 연락망을 지정하고 역할을 분담시킨다. 모임 후, 김구응은 조인원이 일본순사에게 무참히 밟히는 장면을 보고 무력시위를 주장하고 김구응과 조인원 사이에 분열이 일어나게 되는데 유관순의 설득으로 해결된다. 연락원을 담당한 유관순은 다리가 부을 정도로 각 마을을 돌아다니면서 여러 사람들에게 자신의 뜻을 알리고 함께 대한독립만세를 외치자고 설득시킨다. 고향에서는 조인원과 김구응은 태극기를 제작한다.

음력 3月 1日인 4月 1日, 아우내 장터에서 사람들에게 태극기를 나눠준다. 유관순은 독립선언서를 낭독하고 만세를 선창한다. 온 마을에 만세소리가 울려 퍼진다.

2. 등장인물(Characters)

유관순: 리더십 강하고 건강한 신체에 건강한 정신의 여학생이다. 애국심이 강하고 고집과 열정으로 마을 사람들을 설득하여 3·1운동에 앞장서 이끌어나간다.

조인원: 마을의 유지이자 점잖은 성격에 중용적인 선비이다. 유관순이 어렸을 적에 글을 배웠던 선생님이고 독립운동하는데 큰 힘이 되어준다.

김구응: 다혈질이며 옳다고 생각하면 황소고집으로 밀고 나가는 성격을 가졌다. 아우내방앗간의 주인으로 일본의 횡포에 의해 잘되던 사업이 망한다.

선생님: 3·1운동에 참여한 이유로 수업 중에 일본순사에게 잡혀간다.

이종성: 유관순이 고향에 내려오기 전 병천에서 만세운동을 준비하다 체포되었다.

유관순의 아버지: 마을의 유지로서 딸을 믿고 자랑스러워한다.

유관순의 어머니: 독립운동에 앞장서겠다는 딸을 걱정한다.

김교선: 발이 넓기로 유명한 안성의 유지로서 유관순의 설득으로 독립운동계획을 사람들에게 전한다.

3. 리더십 관점에서의 의미(Meaning)

우리 팀이 생각하는 리더십은 팀원들이 집단의 목표를 달성하기 위해 자발적이고 열성적으로 노력하도록 그들에게 영향을 행사하는 과정이라고 보았다. 유관순 열사는 이러한 리더십을 보여주기 가장 적합하다고 생각한다. 유관순 열사는 어린 여자의 몸이었지만 민중을 이끌고 독립운동에 앞장선 뛰어난 리더이다. 고향에 내려와 자신의 마을 사람들을 모아놓고 대한독립만세를 외치자고 강력하게 주장하고 다리가 부을 정도로 각 마을을 돌아다니면서 여러 사람들에게 자신의 뜻을 알린다. 그리고 유관순과 사람들은 밤새워 태극기를 만들고 사람들에게 나눠주고 음력 3월 1일 날 아우내 장터에서 대한독립만세를 외쳤다. 우리는 이러한 유관순의 위풍당당함, 독립운동에 대한 열정과 자신감을 연극으로 표현하려 했다. 유관순이 사람들을 조직하는 과정에서 상대방을 적극적으로 설득하여 자신의 편으로 만들고 사람들에게 분명한 목적과 가치를 제공하여 독립운동에 동참해야 할 이유를 확실하게 각인시킨다. 그리고 사람들에게 각자의 능력에 맞는 역할을 부여하고 그 일을 잘하고 있는지 피드백을 제공해준다.

4. 우리 팀의 성장과정(Story Telling)

제1부 씨앗

우리들의 첫 만남.

다른 과, 다른 학년 서로 모르는 사람들로 조가 구성되었다. 둥글게 모여 앉았는데 우리들은 서로 어색하기만 하여 딴 짓을 하거나 쑥스러운 웃음만 지었다. 첫번째 미션은 짝을 정해서 각자의 life line을 짝꿍에게 말하고 자신의 짝꿍 life line을 다른 조원들에게 이야기해주는 것이었다. 우리 조·조원들이 무슨 과인지, 몇 학년인지 등에 대해 조금 알게 되었다. 서로에 대한 소개가 끝난 뒤, 두번째로 팀장과 악마를 정해야 했다. 팀장은 당연히 팀을 이끌어 나가는 역할이고 악마는 뭐지? 악마란 팀장이 자기 역할을 잘 수행하고 있는지 팀원들은 팀장을 잘 따라가고 있는지 뒤에서 밀어주고 비판하고 '악마의 일기'를 작성하는 역할을 하는 것이었다. 우리는 첫인상으로 팀장과 악마를 결정하였다. 악마의 역할을 상상하며 그 다음 시간을 기대해 보았다.

두번째 만남에서는 부득이한 사정으로 8명 중 1명이 빠져 7명이 되었다. 다른 조는 대부분 9명인데 우리 조는 7명이라 잘 할 수 있을지 걱정을 하면서 팀을 위한 우리의 각오를 다지고 팀명과 Ground rule을 정해야 했다. 그런데 우리는 의견을 내는 사람이 없었다.

자신이 낸 아이디어를 다른 팀원들이 어떻게 생각할까 겁이 나고 다른 팀원들이 말해주기를 기다리는 건지 아무 말들이 없었다. 결국,

어렵게 팀명을 "큰일 낼 조"로 정하고 규칙은 지각하면 5천 원, 결석하면 만원, 과제 안 해오면 5천 원 벌금을 내기로 정하였지만 인원수도 적고 딱 부러지게 자신의 의견도 말하는 사람도 없어 앞으로 잘할 수 있을지 걱정이 되었다.

> 우리 8명의 조원들은 서로에 대해 알게 되었다. 아직은 잘 모르겠다.
> 하지만 왠지 좋은 팀이 될 것이라는 생각이 든다.
> — 악마의 일기 중에서

제2부 새싹

인물을 선정하기 위해 다 같이 학교 식당에서 점심을 먹고 브레인스토밍(brain storming)을 했다. 세번째 만남이고 점심식사도 같이 하니, 이제는 처음과 같은 어색함과 걱정이 좀 누그러드는 것 같았다. 예상밖으로 패치 아담스, 루즈벨트 대통령, 박근혜, 박정희, 유관순 등 다양한 아이디어가 나왔다. 그중에서 우리 학교가 위치하고 있는 아우내 장터에서 독립운동을 주도한 여성 리더의 대표주자인 "유관순 열사"로 의견이 모아졌다. 이제 큰 주제는 결정했다는 생각에 긴장을 풀고 서로 남자친구·여자 친구 이야기, 시험이야기 등 사적인 대화를 나누었다. 처음에 느꼈던 어색한 감정들이 조금씩 사라지는 것이 좋은 느낌이다.

다음 모임에서는 "유관순 열사"라는 우리의 아이디어(idea)를 검증하기 위하여 사실들(Facts)을 조사하기로 했다. 처음에 정한 규칙(Ground rule)때문인지 조원들 모두 모임에 적극적으로 참여하는 것

같았다. 조가 목표를 달성하기 위해서는 규칙(Ground rule)이 필요함을 알았다.

규칙(Ground rule)

—지각하면 5천 원, 결석하면 만 원, 과제 안 해오면 5천 원 벌금

벌써 세번째 모임이다. 유관순에 대해 각자 조사해 와서 발표를 했는데 인터넷으로 찾은 것들이라 한계가 느껴지고 사실이 무엇인지 판단할 수 없었다. 그리하여 우리는 유관순열사 기념 사업회에서 만든 「유관순: 불꽃같은 삶, 영원한 빛」이라는 책을 복사해서 읽어오기로 했다. 그리고 그것에 대한 소감을 말하고 의견을 조정하여 우리가 연극을 할 부분을 유관순의 리더십을 가장 잘 표현할 수 있는 대목이라 생각한 유관순이 고향으로 내려오면서 독립운동을 결심하고 사람들을 조직하고 독립운동을 하는 장면까지 하기로 했다. 그 다음 모임에는 각자 어느 정도의 줄거리와 등장인물을 생각해 와서 발표하기로 하였다.

발표한 내용을 종합하여 유관순, 조인원, 김구응 등을 메인캐릭터로 정하고 유관순이 고향에 내려와 이들과 조직을 이루는 과정, 운동을 하기까지의 에피소드를 하기로 했다. 그중 관객들이 공감할 수 있도록 유관순이 독립운동을 결심하는 동기와 유관순이 사람들을 조직할 때의 어려움과 그것을 극복하는 부분을 어떻게 관객들에게 보여줄 것인가를 고민해봐야 했다. 다음 모임은 중간고사 기간이다. 그런데도 조원들이 각자 조금씩 짬을 내어 만나 시놉시스를 정하고 사건을 여

섯 가지로 나눠 대본을 써서 우리 조 카페에 올리기로 하는 등 우리는 부지런히 진행하였다.

처음보다 두번째 만났을 때가,
두번째보다 세번째 만났을 때가 더 좋아지는 것 같다.
계속 만남을 가져 50시간 이상 만나게 되면 우리 조는 좋은 결실을 맺을 것이다.
— 악마의 일기 중에서

제3부 줄기

카페에 올린 대본들을 읽고 각자 수정할 부분을 생각하여 만남을 가졌다. 6가지 사건을 각자가 썼기 때문에 앞뒤 내용이 맞지 않아 전체적으로 매끄럽지 않고 앞 뒤 내용이 맞지 않는 등 문제가 많았다. 그리하여 대본을 다 함께 읽으며 수정을 하고 시간을 측정하여 줄일 부분은 줄이고 늘릴 부분은 늘리는 작업을 진행하였다. 다른 조의 이야기를 들어보니 대본이 완성된 조도 있다고 들으니 조원들이 우리 조는 너무 오랫동안 대본을 쓰는 것이 아니냐며 다들 불안해하는 듯 했다. 그렇지만 우리는 우리 조의 페이스에 맞춰 꼼꼼하고 세심하게 진행해나가자고 의견을 모아 합심하였다.

다음 모임에는 수정한 대본을 가지고 소품과 배경을 정하고 각자의 배역을 정해 몇 번을 다 같이 읽어보았다. 대본이 완성되었다고 생각했는데 읽을 때마다 어색한 부분이 있어 수정할 부분이 생겨 다시 한 번 수정한 다음 모여서 예비연극을 해보았다. 전에는 그냥 읽었는데 감정을 실어 연기를 해보니 생각보다 모두들 잘했다. 이제 서로 친해진 상태이고 우리가 직접 만든 대본이라서 그런지 더욱더 연극에 대한 열정이 우리들 내면에 생겨난 듯했다. 그래도 각자의 대사가 입에 안 붙어서 자기가 맡은 배역의 대사를 배역에 맞게, 자신에게 맞게 수정하기로 했다.

열세번째 만남. 우리에게 위기가 찾아 왔다. 조원들 중 분위기 메이커였던 한 명이 취업을 한 것이다. 한 명의 빈자리는 너무도 컸다. 거기다 7명 중 4명이 통학생이라 평일에만 모임을 가졌는데 평일에 7명 모두가 모이는 것이 힘들게 되었다. 서로 그래서 평일에 한 번, 주말에 한 번은 꼭 모임을 갖기로 했다.

11월 12일, 열네번째 만남. 드디어 대본이 최종 완성되었다. 끊임없는 토론과 여러 번의 수정을 통해 완성된 대본! 수많은 연습을 통해 멋지게 공연할 그 날을 꿈꾸며 조원들의 얼굴에 기대감이 묻어나는 듯 했다.

우리 조가 다른 조에 비해 진도는 느리지만 천천히 세심하게 다듬고 있으므로 더
좋은 결과가 나올 것이라 생각한다. 드디어 우리의 대본이 완성되었다!
12월 2일이 다가올수록 이제 두려움 같은 건 존재하지 않는다.
한 달 전만해도 '우리가 대본을 완성할 수는 있을까?',
'연극을 할 수 있을까?'
이런 고민들을 했는데 꾸준한 만나고 서로가 노력했던 탓에
좋은 결과가 나왔다고 생각한다.
— 악마의 일기 중에서

완성된 대본을 가지고 의자에 앉아서 대본 연습을 하는데 연기도 잘 안 되고 집중력이 떨어져 무대 위 자리 배치와 동선을 정하여 그것에 맞춰 연습해보니 훨씬 잘되었다. 연습을 한 후에 벌금으로 사온 간식을 먹으면서 이야기를 나누었다. 우리 조는 1학년 4명, 4학년 3명이어서 4학년 선배들이 1학년 후배들에게 학교생활을 어떻게 하면 좋은지에 대한 조언, 자신이 겪은 1학년 시절의 추억과 현재 4학년으로 취업에 대한 고충을 이야기했다. 1학년은 새로운 환경에 적응하는 이야기, 군대에 대한 고민 등을 이야기하였다. 그리고 우리가 마지막으로 화제에 오른 이야기는 연극공연이 3주 앞으로 다가왔기 때문에 일주일에 적어도 3번 이상을 만나자고 입을 모아 의견을 내었다. 특히 메인캐릭터는 다른 배역보다 대사가 많으므로 따로 모여서 꾸준한 연습을 하고, 대사를 잘 외울 수 있도록 상대배역들도 노력하기로 했다. 첫 만남에서는 너무나도 소극적이어서 걱정을 했는데 이제는 모두 그때와는 다른 모습들이라는 걸 느끼게 되었다.

열아홉번째 만남. 대본을 보면서 연습을 해 제스처나 시선 처리하는 것이 다들 어색하다는 것을 깨달은 우리는 대본을 외워오기로 했다. 그전에 연습을 여러 번해서인지 조원들 모두 대본을 금방 외웠다. 안 외워지는 부분은 그 대사가 익숙해질 수 있도록 상대배역과 따로 연습을 했다. 그리고 연기 외에도 연극에 필요한 음향, 소품, 배경, 의상을 준비하기 시작했다. 연극이라는 것이 대본부터 연기 소품까지 모두 준비하려고 하니 생각했던 것보다 시간이 오래 걸리고 계획대로 잘 안 되었지만 모든 조원들이 합심하여 11월 30일 리허설 전까지 모든 준비를 완료하자고 결의하고 리허설까지 강행하였다. 드디어 리허설, 우리는 썩 잘 해냈다고 생각하였다. 리허설 후 공연 전까지 실제 공연하는 것처럼 배경과 소품을 움직이고 의상 갈아입는 것까지 넣어 최종 연습을 하였다. 연극 준비 완료!

> 내일이 공연이라 그런지 분위기는 밝은 가운데서도 엄숙했다.
> 이젠 모두가 캐릭터에 동화된 듯 저절로 대사가 잘 나왔고
> 연극할 준비가 다 되었다.
> 우리가 힘들게 노력한 만큼 좋은 결과가 있을 거라 믿는다.
> — 악마의 일기 중에서

제5부 열매

3개월 동안 준비한 우리의 연극이 결실을 맺게 되는 날. 한 시간 전에 모여 음향, 소품, 의상을 점검하고 준비할 동안 메인캐릭터들은 다시 한번 대사 연습을 하였다. 연습을 많이 해서 그런지 머리로 생각하지 않아도 저절로 대사가 나왔다. 긴장이 되어 가슴이 콩닥콩닥 거렸지만 저절로 대사가 나오니 웃음도 나왔다. 드디어 공연 시작. 조명이 켜지고 관객들은 우리를 쳐다보았다. 그리고 유관순이 관객에게 독립운동계획을 알리고 김구응이 태극기를 나눠주는 장면이 있었는데 관객들이 적극적으로 호응해주어 우리는 관객과 하나가 되어 실제 독립만세를 외치는 것만 같았다. 가슴이 벅차올랐다. 특히 유관순이 독립선언서를 낭독하러 단상 위에 올라갔는데 태극기를 흔드는 관객들의 감동의 눈빛을 보는 순간 우리가 지금까지 연극을 준비하고 하는 이

유를 알게 되었다. 우리가 준비한 그대로 연습한 그대로 보여줄 수 있었다. 연극을 마치고 대기실에 왔을 때, 우리는 결과가 안 좋아도 여태까지 후회 없이 최선을 다했고 누구 한 명 빠지지 않고 열심히 했기 때문에 만족한다고 마음속으로 생각했을 것이다. 그리고 우리는 우리 분반에서 1등의 명예를 갖게 되었다. 가슴이 뭉클했다.교수님이 수업 시간에 말씀하신 '50시간의 기적' 이 정말 그대로 우리에게 이루어졌다. 수많은 만남, 수많은 시행착오, 수많은 이야기들 속에서 우리는 소중한 열매를 맺을 수 있었다.

연극이 끝난 뒤, 관객들로부터 박수를 받았을 때 한 학기 동안 고생한 것이
모두 사라지는 느낌이었다.
우리 조원들 모두 너무 자랑스럽고 대단하다는 생각이 들었다.
— 악마의 일기 중에서

주

1부 리더십 개발의 이론

1장 경영리더십 이해의 기초

1) 피터 드러커, 이재규 옮김(2006), 『경영의 실제*The Practice of Management*』, 한국경제신문, p. 15.
2) Kotter, op. cit.(1982), John P. Kotter, "What Effective General Managers Really Do," *Harvard Business Review*, 60, November/December 1982, p. 161. See Kaplan, op. cit., 1984.
3) Herminia Ibarra, "Managerial Networks," Teaching Note: #9-495-093, Harvard Business School Publishing, Boston, MA.
4) Katz, R. L. (1974), "Skills of an Effective Administrator, *Harvard Business Review*, 52, September/October
Boyatzis, R. E.(1982), *The Competent Manager: A Model for Effective Performance*, New York: Wiley.
5) Lussier, R. N. & Achua, C. F.(2000), *Leadership*, South-Western College Publishing, p. 13.
6) 김영규 (1993), 『최신경영학원론 제2판』, 박영사, p. 44.
7) 헨리 민츠버그 외, 현대경제연구원 옮김(2000), 『리더십*Leadership*』, 21세기북스, p. 66.
8) 헨리 민츠버그 외, 현대경제연구원 옮김(2000), 『리더십*Leadership*』, 21세기북스, pp. 96~97.
9) 백기복(2000), 『이슈리더십』, 창민사, pp. 61~62.
10) Hellriegel, D. & Slocum, J. W. Jr.(2004), *Organizational Behavior*,

Thomson learning, p. 251.
11) 헨리 민츠버그 외, 현대경제연구원 옮김(2000), 『리더십*Leadership*』, 21세기 북스, pp. 96~97.

2장 리더십 특성 및 행동 이론

1) Karp, H. B.(1986), "Gestalt and the Art of Leadership"이라는 제목의 학술 논문을 Individual, Group, Organization, Gatan Morin (ed.)에 인용한 것을 재인용함.
2) Bass, B. M.(1990), *Handbook of Leadership*, 3rd ed., New York: The Free Press.
3) Luthans, F.(1995), *Organizational Behavior*, 7th ed., McGraw-Hill., p. 273.
4) Greenberg, J. & Baron, R. A.(1997), *Behavior in Organizations*, 6th ed., Prentice-Hall., p. 447.
5) Jago, A. G.(1982), "Leadership: Perspectives in Theory and Research," *Management Science*, Vol. 28.
6) Northouse, P. G.(2001), *Leadership: Theory and Practice*(2nd ed.), Thousand Oaks, CA. Sage Publication.
7) Stogdill, R. M.(1948), "Personal factors associated with leadership: A survey of the literature," *Journal of Psychology* 25, pp. 35~71.
8) Jago, A. G.(1982), "Leadership: Perspectives in Theory and Research," *Management Science*, Vol. 28, no. 3, p. 317.
9) Stogdill, R. M.(1948), "Personal factors associated with leadership: A survey of the literature," *Journal of Psychology* 25, pp. 35~71.
10) Stogdill, R. M.(1974), *Handbook of Leadership: A Survey of Theory and Research*, New York: Free Press.
11) Zacccaro, S. J., Foti, R. J. and Kenny, D. A.(1991), "Self-Monitoring and Trait-Based Variance in Leadership: An investigation of Leader Flexibility across Multiple Group Situations," *Journal of Applied Psychology*, April, pp. 208~215.
12) Bryman, A.(1992), *Charisma and Leadership in Organizations*, London: Sage.

13) Lord, R. G., Devader, C. L. & Alliger, G. M.(1986), "A meta-analysis of the relation between personality traits and leadership perceptions: An application of validity generalization procedures," *Journal of Applied Psychology* 71, pp. 402~410.
14) Kirkpatrick, S. A. & Locke, E. A.(1991), "Leadership: Do traits matter?," *The Executive* 5, pp. 48~60.
15) Northouse, P. G.(2001), *Leadership: Theory and Practice*(2nd ed.), Thousand Oaks, CA. Sage Publication.
16) Northouse, P. G.(2001), *Leadership: Theory and Practice*(2nd ed.), Thousand Oaks, CA. Sage Publication.
17) Kouzes, J. M. and Posner, B. Z. (1995), *The Leadership Challenge*, San Francisco: Jossey-Bass.
18) Kouzes, J. M. and Posner, B. Z. (1987, 1995, 2002), *The Leadership Challenge*, Jossey-Bass Inc., Publishers.
19) Bass, 1990; Bennis & Nanus, 1985; Nadler & Tushman, 1989; Zaleznik, 1977.
20) 주로 다음 글들에 수록되어 있음.
Chase, M. (1995), "More Are Listening to Prozac to Keep Their Business Edge," *The Wall Street Journal*, March 27, B1.
Langreth, R. (1996), "High Anxiety: Rivals Threaten Prozac? Reign," *The Wall Street Journal*, May 9, 81.
Allman, W. F. (1996), The Serotonin Candidate, Forbes ASAP, September 23, pp. 133~140.
21) 임창희 (2004), 『조직행동』, 학현사
22) Daniel Goleman (1995), *Emotional Intelligence*.
23) 도리스 매틴(1996), 홍명희 옮김, 『EQ-감성지능개발 학습법』, 해냄.
24) Northouse, P. G. (2001), *Leadership: Theory and Practice*, 2nd ed.
25) Northouse, P. G. (2001), *Leadership: Theory and Practice*, 2nd ed.에서 발췌
26) Redmond, M. R., Munford, M. D. and Teach, R. (1993), "Putting Creativity to Work: Effects of Leader behavior on Subordinate Creativity," *Organizational Behavior and Human Decision Processes*, June, pp. 120~151.
27) 임창희 (2004), 『조직행동』, 학현사

28) Northouse, P. G.(2001), *Leadership: Theory and Practice*, 2nd ed.
29) Lindell, M. and Rosenqvist, G.(1992), "Is There a Third Management Style?," *The Finnish Journal of Business Economics*, vol. 3, pp. 171~198.
Lindell, M. and Rosenqvist, G.(1992), "Management Behavior Dimensions and Development Orientation," *Leadership Quarterly*, Winter, pp. 355~377.
30) Cartright, D. & Zander, A.(1960), *Group Dynamics Research and Theory*, Evanston, IL: Row, Peterson.
Katz, D. & Kahn, R. L.(1951), "Human organization and worker motivation," in L. R. Tripp(ed.), *Industrial productivity*, pp. 146~171, Madison, WI: Industrial Relations Research Association.
Likert, R.(1961), *New Patterns of Management*, New York: McGraw-Hill.
Likert, R.(1967), *The Human Organization: Its Management and Value*, New York: McGraw-Hill.
31) Bowers, D. G. & Seashore, S. E.(1966), "Predicting organizational effectiveness with a four-factor theory of leadership," *Administrative Science Quarterly* 11, pp. 283~263.
32) Likert, R.(1961), *New Patterns of Management*, N. Y.: McGraw-Hill
Likert, R.(1969), *The Human Organization: Its Management and Value*, N. Y.: McGraw-Hill.
33) Hemphill, J. K. & Coons, A. E.(1957), "Development of the Leader Behavior Description Questionnaire," In R. M. Stogdill & A. E. Coons(Eds.), *Leader Behavior: Its Description and Measurement*, Columbus: Ohio State University, Bureau of Business Research.
34) Fleishmann, E. A. and Harris, E. F.(1962), "Patterns of Leadership Behavior Related to Employee, Grievance and Turnover," *Personal Psychology*, vol. 15, pp. 45~53.
35) Yukl, G. & Van Fleet, D. D.(1992), "Theory and Research on Leadership in Organizations," M. D. In Dunnette & L. M. Houghs(ed.), *Handbook of Industrial and Organizational Psychology*, Vol. 3, Palo Alto, CA: Consulting Psychologist Press Inc., 155.
36) Jago, A. G.(1982), "Leadership: Perspectives in Theory and Research," *Management Science*, Vol. 28, no. 3.

37) Szilagyi, A. D. and Wallace, M. J.(1983), *Organizational Behavior and Performance*, 3rd ed., Glenview, Illinois: Scott, Foresman and Co.
38) Blake, R. R. & Mouton, J. S.(1982), "A comparative Analysis of Situationalism and 9.9 Management by Principle," *Organizational Dynamics*, 10(4), pp. 20~42,
39) Weihrich, H. & Koontz, H., *Management: A Global perspective*, N. Y.: McGraw-Hill, p. 500.
40) 야미시타 히사노리, 우에노 카나코 지음, 황소연 옮김(2004), 『한 권으로 만나는 경영의 절대지식 50』, 새로운 제안.
41) 백기복 (2006), 『조직행동연구』, 창민사.
42) Misumi, J.(1985), *The Behavioral Science of Leadership: An interdisciplinary Japanese Research Program*, Ann Arbor, MI: University of Michigan Press.
43) Organ, D. W. & Bateman, T. S.(1991), *Organizational Behavior*, Homewood, 2.: Irwin Inc.
44) House, R. J.(1987), "The all things in moderation leader," *Academy of Management Review*, 12, pp. 164~169.
45) 백기복 (2006), 『조직행동연구』, 창민사.
46) Tannenbaum, R. and Schmidt, W. H.(1973), "How to Choose a Leadership Patterns," *Harvard Business Review*, Vol. 51. No. 3, May-June, pp. 162~180.
47) Northouse, P. G.(2001), *Leadership: Theory and Practice*, 2nd ed.에서 발췌.

3장 상황 이론

1) Stogdill, R. M.(1948), "Personal Factors Associated With Leadership," *Journal of Aplied Psychology*, Vol. 25, Jan, pp. 35~71.
2) McGregor, D.(1960), *The Human Side of Enterprise*, New York, N.Y.: McGraw-Hill.
3) 이상호(2001), 「경영학계의 주요 리더십이론 및 국내 연구동향: 세 가지의 리더십 관점에서의 검토 및 제안」, 한국인사관리학회.
4) 박기동(1994), 『조직행동론』, 박영사.

5) Fiedler, F. E.(1967), *A theory of Leadership Effectiveness*. N. Y.: McGraw-Hill.
6) Fiedler, F. E.(1967), *A theory of Leadership Effectiveness*. N. Y.: McGraw-Hill, pp. 22~32.
7) 백기복(2006), 『조직행동연구』, 창민사.
8) F. E. Fiedler, *Leadership*, Morristown, N. J.: Genering Press, 1971, p.14.
9) 박내회(2002), 『조직행동론』, 박영사.
10) Fiedler, F. E. & Chemers, M. M.(1984), *Improving Leadership Effectiveness*, New York: John Wiley & Sons.
11) Miner, J. B.(1980), *Theories of Organizational Behavior*, Hinsdale, 3: The Dryden Press, pp. 319~322.
12) Fiedler, F. E.(1978), "The contingency model and the Dynamics of the leadership Process," In L. Berkowitz(ed.), *Advances in Experimental Social Psychology*, Vol. 11, New York: Academic Press.
13) 조성종(2002), 『서비스 지향적 리더십과 인간관계』, 두남.
14) 백기복(2006), 『조직행동연구』, 창민사.
15) Fiedler, F. E. & Chemers, M. M.(1982), *Improving Leadership Effectiveness*, The Leader Match Concept(2nd ed), N. Y.: John Wiley.
16) Vroom, V. H.(1964), *Work and Motivation*, New York; Wiley.
17) Indvik, J.(1986), "Path-goal theory of leadership: A meta-analysis," *Proceedings of the Academy of Management Meeting*, pp. 189~192.
18) House, R. J. & Mitchell, T. R.(1974), "Path-Goal Theory of Leadership," *Journal of Contemporary Business*, Vol. 5, pp. 81~97.
19) Northouse, P. G.(2001), *Leadership: Theory and Practice*(2nd ed.), Thousand Oaks, CA: Sage Pulications.
20) Luthans, F.(1989), *Organizational Behavior*(5th ed.), N. Y.: McGraw-Hill Book Co., 565.
21) 백기복(2006), 『조직행동연구』, 창민사.
22) House, R. J. & Mitchell, T. R.(1974), "Path-Goal Theory of Leadership," *Journal of Contemporary Business*, Vol. 5, p. 83.
23) 백기복(2006), 『조직행동연구』, 창민사.
24) 박내회(2002), 『조직행동론』, 박영사.
25) Northouse, P. G.(2001), *Leadership: Theory and Practice*(2nd ed.), Thousand Oaks, CA: Sage Pulications.

백기복(2006), 『조직행동연구』, 창민사.
26) Hersey, P. & Blanchard, K. H.(1977), *Management of Organizational Behavior*(3rd ed.), Englewood Cliffs, N. J., Prentice-Hall (초판은 1969년 발행됨).
27) Hersey, P. & Blanchard, K. H.(1982), *Management of Organizational Behavior*, Englewood Cliffs, N. J., Prentice-Hall
28) Randolph, W. A. & Blackburn, R. S.(1989), *Managing Organizational Behavior*, Homewood, 3, Irwin, p. 319.
29) Hersey, P. & Blanchard, K. H.(1982), *Management of Organizational Behavior*, Englewood Cliffs, N. J., Prentice-Hall에서 수정함.
30) 백기복(2006), 『조직행동연구』, 창민사.
31) Vroom, V. H. & Yetton, P. W.(1973), *Leadership and Decision-Making*, Pittsburgh, University of Pittsburgh Press.
32) Yukl, G.(1989), *Leadership in Organizations*(2nd ed.), Englewood Cliffs, N. J., Prentice-Hall, Inc., p. 116.
33) 개인적인(individual) 의사결정 상황은 해결안이 오직 한 사람의 구성원에게만 영향을 미치는 상황, 그리고 집단적인(group) 의사결정 상황은 여러 구성원들에게 영향을 미치는 상황이다.
34) House, R. J. & Baetz, M. L.(1979), "Leadership: Some empirical generalizations and new research directions," In B. M. Staw(ed.), *Research in Organizational Behavior*, Vol. 1, JAI Press, pp. 341~423.
35) Miner, J. B.(1984), "The validity and usefulness of theories in an emerging organizational science," *Academy of Management Review*, pp. 296~306.
36) Yukl, G. & Van Fleet, D. D.(1992), "Theory and Research on Leadership in organizations," In M. D. Dunnette, & L. M. Houghs(ed.), *Handbook of Industrial and Organizational Psychology*, Vol. 3, Palo Alto, CA: Consulting Psychologists Press Inc., pp. 147~197.
37) 백기복(2006), 『조직행동연구』, 창민사.
38) 박내회(2002), 『조직행동론』, 박영사.
39) Kerr, S. & Jemier, J. M.(1978), "Substitutes for leadership: Their Meaning and Measurement," *Organizational Behavior and Human Performance*, Vol. 22, pp. 375~403.
40) Kerr, S. & Jemier, J. M.(1978), "Substitutes for leadership: Their Meaning

and Measurement," *Organizational Behavior and Human Performance*, Vol. 22, pp. 375~403.
41) 박내회(2002), 『조직행동론』, 박영사.
42) 조성종(2002), 『서비스 지향적 리더십과 인간관계』, 두날.
43) Kerr & Jermier(1978), 박내회 옮김(2002), 『조직행동론』 에서 재인용.

4장 신조류 리더십의 이해

1) Terry, L. D.(1995), "The leadership-management distinction: The domination and displacement of mechanistic and organismic theories," *Leadership Quarterly*, 6(4), pp. 515~517.
2) Kotter, J. P.(1990), *A Force for Change: How Leadership Differs from Management*, N. Y.: The Free Press.
3) Weber, M.(1947), *The Theory of Social and Economic Organizations*, translated by T. Parsons, N. Y., Free press, pp. 358~359.
4) Weber, M., Types d'Autorite', in A. Levy, *Psychologie Sociale, Textes Fondamentaux*, t. 2, Paris: Dunod, p. 1072.
5) Weber, M.(1947), *The Theory of Social and Economic Organizations*, translated by T. Parsons, N. Y., Free press.
6) Shamir, B., House, R. J. and Arthur, M. B.(1993), "The Motivational Effects of Charismatic Leadership: A Self-Concept Based Theory," *Organization Science*, Vol. 4, November, pp. 577~594.
House, R. J. and Shamir, B.(1993), "Toward the Integration of Transformational, Charismatic, and Visionary Theories," in M. M. Chemers and R.Ayman(ed.), *Leadeership Theory and Research: Perspectives and Directions*, New York: Academic Press.
7) House, R. J.(1977), "A 1976 theory of charismatic leadership," In Hunt, J. G. & Larson, L. L.(Eds.) *Leadership: The Cutting Edge*, Carbondale: Southern Illinois University Press.
8) Yukl, G. A.(1989), *Leadership in Organizations*(2nd ed.), Englewood Cliffs, N. J., Prentice-Hall, Inc.
9) Conger, J. A. & Kanungo, R. N.(ed.)(1989), *Charismatic Leadership: The Elusive Factor in Organizational Effectiveness*, Jossey-Bass, p. 105.

10) 위의 책, 같은 곳.
11) Nadler, D. A., Tushman, M. L.(1990), *California Management Review*, Berkeley: Winter, Vol. 32, Iss. 2, p. 77.
12) Hellriegel, D and Slocum, Jr., J. W., *Organizational Behavior*, 10e., Thompson Soth-Western, 2007.
13) Conger, J. A., "Charismatic and transformational leadership in organizations: An insider's perspective on these developing streams of research," In Conger, J. A. and Hunt, J. G.(ed.)(1999), *Leadership Quarterly*, Special Issue: Part 1, Vol. 10, pp. 145~148; Waldman, D. A., Ramirez, G. G., House, R. J., and Puranam, P.(2001), "Does leadership matter? CEO leadership attributes and profitability under conditions of perceived environmental uncertainty," *Academy of Management Journal*, 44, pp. 134~143.
14) Bass, B. M.(1996), *A New Paradigm of Leadership*, Alexandria, VA: U.S Army Research Institute for the Behavioral and Social Sciences.
15) Yukl, G., *Leadership in Organization*(5th ed.), Englewood Cliffs, N. J. Prentice-Hall, Inc.
16) 위의 책.
17) Yukl, G., 위의 책.
18) Bass, B. M.(1981), *Leadership and Performance Beyond Expectations*, N. Y., Free Press, pp. 3~4.
19) Transformational Leadership을 변혁적 리더십으로 통일한다.
20) Kuhnert, K. W.(1994), "Transforming leadership: Developing people through delegation," In Bass, B, M., Avolio , B. J.(ed.), *Improving Organizational Effectiveness Through Transformational Leadership*, Thousand Oaks, CA: Sage.
21) Kuhnert, K. W. & Lewis, P.(1987), "Transactional and transformational leadership: A constructive/developmental analysis," *Academy of Management Review* 12(4), pp. 648~657.
22) Bass, B. M., *Leadership and Performance Beyond Expectations*, New York: The Free Press, 1985.
23) Bass, B. M. & Avolio, B. J.(1990), "The implications of transactional and transformational leadership for individual, team and organizational development," *Research in Organizational Change and Development* 4,

pp. 231~272.
24) Bass, B. M.(1996), *A New Paradigm of Leadership: An Inquiry into Transformational Leadership*. Alexandria, VA: U. S. Army Research Institute of the Behavioral and Social Sciences.
25) Tichy, N. M. & Devanna, M. A.(1986), *The Transformational Leader*, New York: John Wiley; Tichy, N. M. & Devanna, M. A.(1990), *The Transformational Leader*(2nd ed.), New York: John Wiley.
26) Tichy, N. M. & Devanna, M. A.(1986), *The transformational leader*, New York: John Wiley & Sons.
27) Kotter, J. P., *A Force for Change: How leadership differs from management*, 1990, The Free Press, Macmillan Inc., N. Y.
28) 피터 드러커, 이재규 옮김(2001), 『21세기 지식경영*Management Challenges for the 21st Century*』, 한국경제신문사.
29) Manz, C. C., "Self-leadership: Toward an expanded theory of self-influence processes in organizations," *Academy of Management Review*, 11, pp. 585~600, 1986.
30) Schneider, B. & Reichers, A. E.(1983), "On The etiology of climates," *Personal Psychology*, pp. 19~39.
31) Manz & Sims(1987), "Leading Workers to Lead Themselves: The External Leadership of Self-managing Work Teams," *Administrative Science Quarterly*, Vol. 33, March, pp. 106~127.
32) Manz, C. C.(1992), "Self-Leadership, The Heart of Empowerment," *The Journal for Quality and Participation*. Cincinnati: Jul / Aug, Vol. 15, Iss. 4.
33) Manz, C. C.(1991), Developing Self-Leaders Through SuperLeadership, *Supervisory Management*. Saranac Lake: Sep., Vol. 36, Iss. 9.
34) Neck, C. P., Stewart, G. L., Manz, C. C.(1995), "Thought self-leadership as a framework for enhancing the performance of performance appraisers," *The Journal of Applied Behavioral Science*, Arlington: Sep., Vol. 31, Iss. 3.
35) Neck, C. P., Manz, C. C.(1996), "Thought self-leadership: The impact of mental strategies training on employee cognition, behavior, and affect," *Journal of Organizational Behavior*. Chichester: Sep, Vol. 17, Iss. 5.
36) 위의 책.

37) Wheatley, M., Good-bye, command and control. In F. Hesselbein & P. M. Cohen(Eds.), *Leader to Leader*, pp. 151~162, NY: The Peer F. Drucker Foundation for Nonprofit Management, 1999.
38) Thomas, K. W. & Velthouse, B. A., "Cognitive elements of empowerment: An 'interpretive' model of intrinsic task motivation," *Academy of Management Review*, 15, pp. 666~681, 1990.
39) Spretizer, G. M., "Psychological empowerment in the workplace: Dimensions, measurement, and validation," *Academy of Management Journal*, 38, pp. 1442~1465, 1995.
40) Spreitzer, G. M., Kizilos, M. A. & Nason, S. W.(1997), "A dimensional analysis of the relationship between psychological empowerment and effectiveness, satisfaction, and strain," *Journal of Management*, Vol. 23(5), pp. 679~704.
Spreitzer, G. M.(1995), "Individual empowerment in the workplace: Dimension, measurement, and validation," *Academy of Management Journal*, Vol. 38. pp. 1442~1465.
41) Greenleaf, R. K., "Servant as leader," Indianapolice, In Greeenleaf Center(1970, 1991).
42) Spears, L. C.(1995), "Introduction: Servant-Leadership and the Greenleaf Legacy," in L. C. Spears(ed.), *Reflections on Leadership: How Greenleaf's Theory of Servant-Leadership Influenced Today's Top Management Thinkers*, New York: John Wiley & Sons.
43) 위의 책.
44) 제프리 크레임스, 김종완 옮김(2005), 『젝웰치와 4E 리더십』, McGraw-Hill Korea.

2부 리더십 개발의 실제

1) Paul Taffinder(2000), *The Leadership Crash Course*, pp. 17~25.
2) 강인애(2003), 『PBL의 이론과 실제』, 문음사, pp. 19~20.
3) 리차드 장, 이상욱 외 옮김(1997), 『팀웍 만들기와 성과향상』, 21세기북스, p. 59.
4) 『A Pro My Job 실천백서』, 삼성전자, 1995, p. 25.

5) 『A Pro My Job 실천백서』, 삼성전자, 1995, p. 45.
6) 강인애(2003), 『PBL의 이론과 실제』, 문음사, pp. 99~101.
7) 김석우(2001), 『왕건에게 배우는 디지털 리더십』, 느낌이 있는 나무, pp. 175~178.
8) 백기복(2001), 『이슈리더십』, 창민사, pp. 143~146.